JN148843

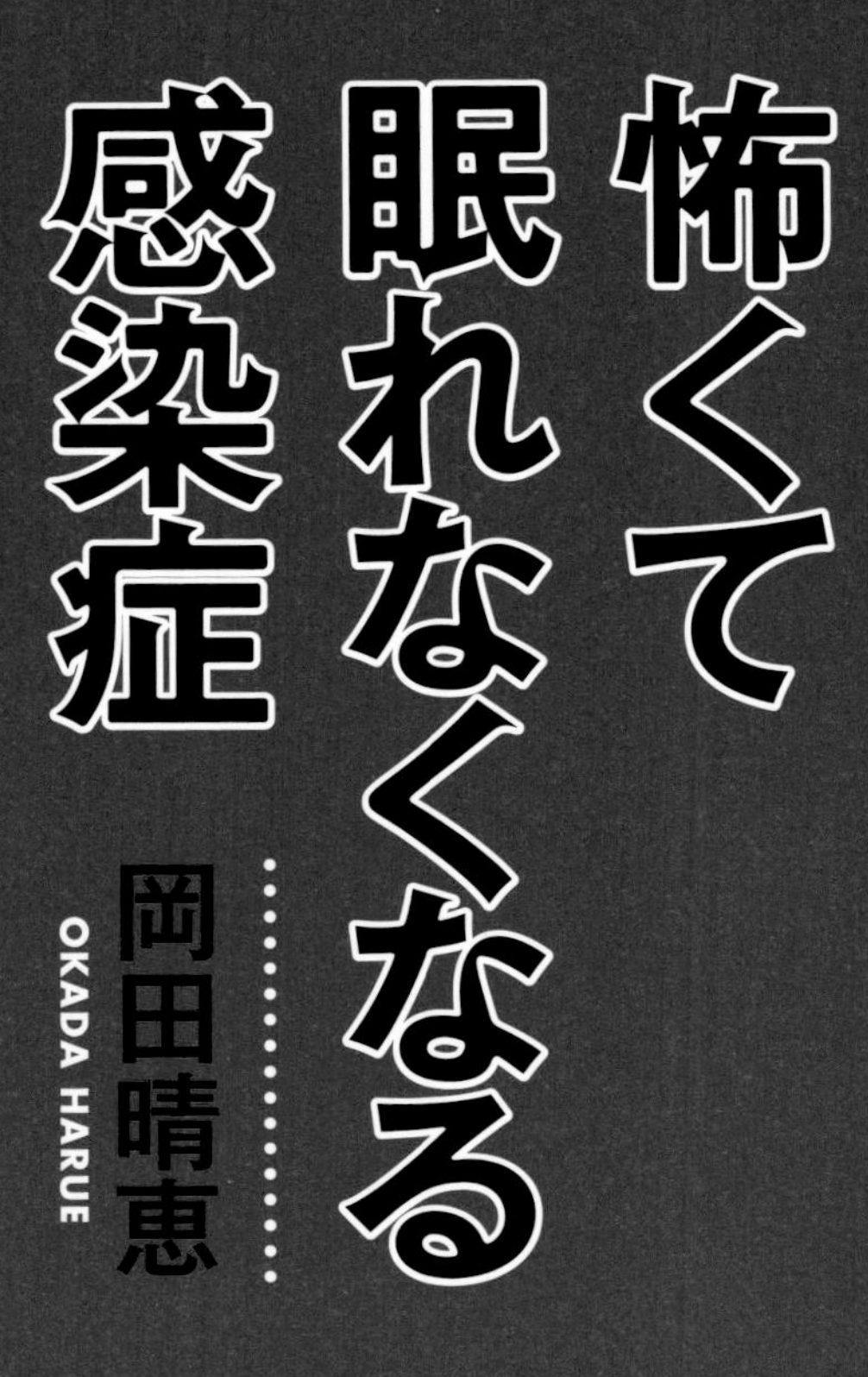

怖くて眠れなくなる感染症

岡田晴恵
OKADA HARUE

PHP

怖くて眠れなくなる感染症

カバーデザイン　高柳雅人
カバーイラスト　山下以登

はじめに

感染症とは〝うつる病気〟です。

細菌やウイルス、真菌や原虫などの感染症の原因となる微生物（病原微生物と言います）が体内に侵入して増えると〝感染〟です。

そして、感染して症状が現われると〝発症〟になりますが、ほとんど症状が出なかったり、軽症で済むものから、高い致死率で犠牲者が発生し、回復しても重い障害が残ったりする重大な感染症まであります。

深刻な健康被害を与える感染症では、うつらないように感染経路を遮断する方法やワクチン接種、いざ罹ったかもしれないというときの対処法等の知識を持っていることが重要になります。

たとえば、本書で取り上げている、リオ五輪開催時に問題となった「ジカウイルス感染症」は、ほとんどの人では軽症で予後のよい感染症ですが、もしも妊婦が罹れば、胎児感染を起こして赤ちゃんが小頭症などの重大な障害を持って生まれてくることがあります。

このジカウイルスは、すでに中南米だけでなく日本と交流の活発なアジア地域でも拡がっています。ジカウイルスは蚊が媒介して感染しますが、実は性行為での感染にも十分な注意が必要です。

また、感染症によっては症状が消えて治ったと思っている間に、実は病気がどんどん進行している場合もあります。今、日本では「梅毒」の感染患者が激増して大問題となっていますが、梅毒はこれに当てはまります。

できるだけ早く治療を開始することが必要ですが、感染を自覚していない〝隠れ梅毒感染者〟が多く存在して、未治療のまま、周囲に感染を拡げているのです。

本書では感染症について、どんな病気で、どのようにうつり、どんなふうに進行していくのか、感染症に罹ったらどう対処したらよいのか、そもそも感染しないようにどう行動したらよいのかを盛り込みました。

さらに近年、世界はさまざまな怖い感染症の脅威に曝(さら)されています。西アフリカの史上最悪のエボラ出血熱の大流行、隣国の韓国で起こった中東呼吸器症候群（ＭＥＲＳ）の流行、日本でも約七十年ぶりにデング熱の国内感染事例も発生しました。マラリアや結核はいまなお、毎年夥しい人命を奪っています。

世界人口が七三億人を超え、人口の過密化した都市やその周辺のスラム地区では感染症の流行が起こりやすい社会環境ができ上がっています。

さらに世界に張り巡らされた航空網と高速大量輸送システムを背景に、地球の一地点で発生した感染症もすぐに拡散して、世界規模の流行（パンデミック）を引き起こしやすい社会状況となっています。

現代では、風土病が世界を席巻する大流行となることも想定内なのです。また地球温暖化によって、熱帯亜熱帯地域の感染症が日本も含む温帯地域にまで、拡大してくる可能性も強く指摘されています。そこで、本書では、近い将来に日本でも脅威となる可能性のある〝注意すべき感染症〟も取り上げていきます。

そして、歴史を振り返れば、人類の歴史には感染症との闘いの爪痕が多く刻まれています。奈良の大仏は日本の天然痘流行のモニュメントでもありますし、中世の黒死病（ペスト）の大流行はまさに中世という時代をも終焉させたのでした。その時代にはその時代を特徴づける感染症の大流行があり、感染症におびやかされる中で人々は懸命に生き、子孫を繋いできたのです。歴史を動かしてきた感染症として、ペストやコレラ、天然痘なども取り上げていきます。

また、過去には多くの人命を奪いながら、ワクチンや薬の開発で健康被害を激減させたものの、今、再び問題となっている感染症もあります。震災などの災害時に発生しやすい重大な感染症として破傷風を、さらに世界一五〇カ国で発生している狂犬病も取り上げます。狂犬病はいったん発症してしまうと、致死率はほぼ一〇〇パーセントの怖ろしい感染症です。

本書は、日々感染症を学び、犠牲者を減らすためにはどうしたらよいのかを研究している私が、読者のみなさんの健康と命を守るために伝えたいことを綴りました。二十一世紀は、感染症との闘いの時代になります。私が案内する「怖くて眠れなくなる感染症」の世界にご一緒に参加していただけましたら幸いです。

目次

Part I

近未来に怖ろしい感染症

Part Ⅱ

世界史を変えた感染症

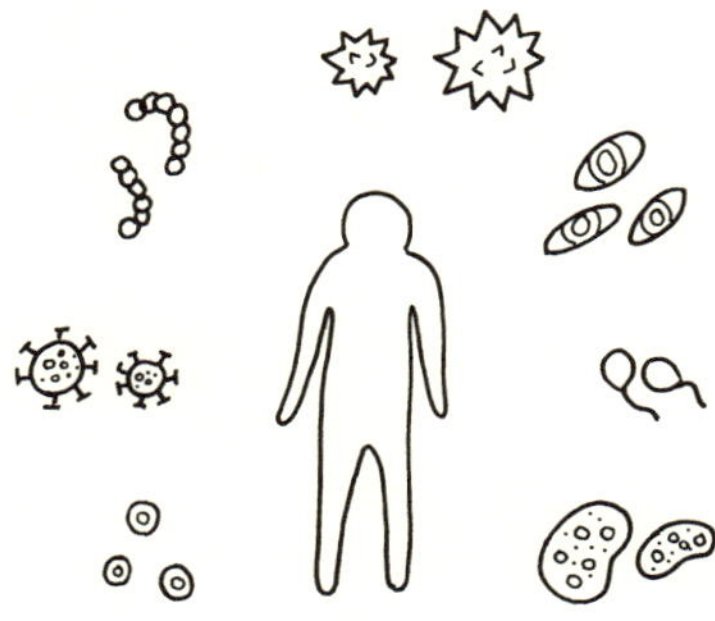

Part Ⅲ

よみがえる感染症

Part Ⅳ

日本で警戒すべき感染症

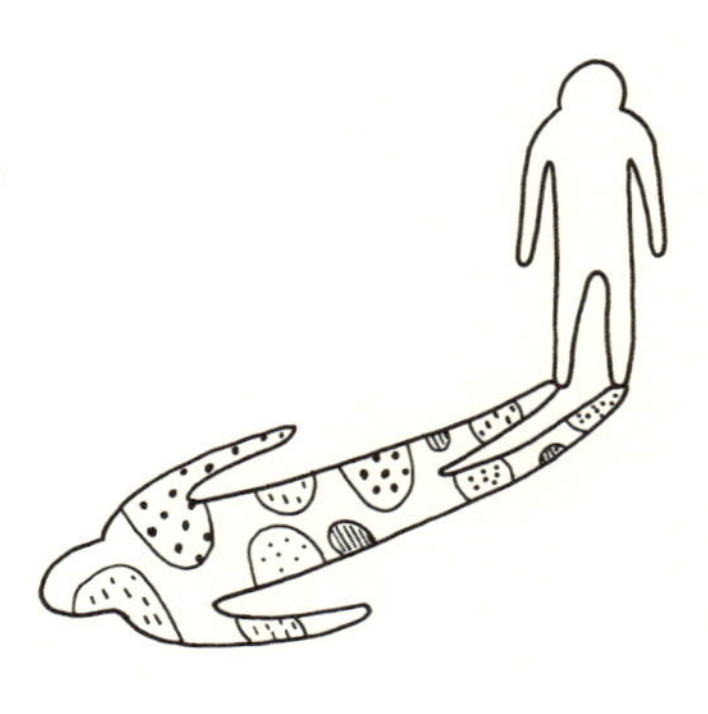

本文デザイン&イラスト　宇田川由美子

Part I

近未来に怖ろしい感染症

エボラ出血熱——怖ろしい奇病

西アフリカの悲劇

二〇一四年、エボラウイルス病が、西アフリカのリベリア、ギニア、シエラレオネの三国で突然大きな流行を起こし、世界中が震撼(しんかん)しました。日本ではエボラ出血熱と言いますが、二〇一四年にＷＨＯ（世界保健機関）は従来のエボラ出血熱という疾患名をエボラウイルス病に変更しています。出血を伴う前に死亡する人も多いためです。

二〇一三年十二月から始まった西アフリカにおけるエボラウイルス病の流行は、シエラレオネは二〇一五年十一月七日、ギニアは二〇一五年十二月二十九日、リベリアは二〇一六年一月十四日にようやく終息を宣言されました。

この三国で二万八六一六人の確定診断患者、感染の可能性の高い患者、及び疑いのある患者が報告され、このうち、一万一三一〇人が死亡しました。致死率は四〇パーセントです。

しかし、実際にはもっと多くの患者や犠牲者がいたものと思われます。現地では、医療、保健制度や社会基盤が未だ十分には整備されておらず、住民らにもエボラウイルス病が理解されていませんでした。二〇一四年九月には西アフリカ・ギニアで、エボラウイルス病の予防対策のために政府に派遣された保健担当者七人が村民に惨殺されています。

〝エボラ熱は白人が黒人を殺すために生み出したものであって、保健担当官は村人を殺しに来た〟と考えられていました。怖ろしい感染症の流行時には、妄想や恐怖もまた、人から人へ感染して拡がっていくのです。現地のエボラ患者は受診するどころか、隠れてしまうこともあり、実際には、当局の目の届かない場所で、もっと多くのエボラ患者が潜んで死亡していたと推察されます。

これまでのエボラウイルス病のアウトブレイク（集団発生。この場合は地域流行）の一回当たりの感染者数は、数十人から数百人規模で、長くとも数カ月の短期間で終結していましたが、今回の西アフリカ三国のエボラ流行は、まさに桁外れの数の感染者、犠牲者が発生し、流行も約二年もの長期に及んだのです。

実は、この流行の感染者数と犠牲者数は、一九七六年に初めてアフリカ中央部のスーダン（現南スーダン）でエボラウイルス病が発見されて以来、三〇回以上起こってきたエボラ・アウトブレイクにおける、感染者数と犠牲者数の総数をはるかに凌駕（りょうが）していたのでした。

スーダンで発見

エボラウイルス病は一九七六年、スーダン共和国南部のヌザーラという町で、初めて患者が確認されました。この地域はサバンナやジャングルに点在する小さな集落で、泥を固めた家に親族を中心に人々が集まって暮らしていました。

ヌザーラはこうした集落群の中心地であり、ここにある綿工場は、地元で栽培された綿花を織物にして販売し、貴重な現金収入を得る場所であったのです。

最初のエボラ出血熱の患者が発生したのは、この綿工場でした。

一九七六年六月、工場勤務の一人の男性が病に倒れ、九日後出血しながら死亡しました。続いて同僚の男性二人も亡くなり、最初の男性の死後からわずか二カ月のうちに、工場労働者とその家族、友人など三五人が死亡したのでした。

ヌザーラで起こった流行はまもなく近郊のマリディという町に拡大します。ヌザー

◆エボラ・アウトブレイク

年	国	エボラウイルスの種類	症例数	死亡例	致死率(%)
2014～2016	西アフリカ	ザイール	28,616	11,310	40
2012	コンゴ民主共和国	ブンディブギョ	57	29	51
2012	ウガンダ	スーダン	7	4	57
2012	ウガンダ	スーダン	24	17	71
2011	ウガンダ	スーダン	1	1	100
2008	コンゴ民主共和国	ザイール	32	14	44
2007	ウガンダ	ブンディブギョ	149	37	25
2007	コンゴ民主共和国	ザイール	264	187	71
2005	コンゴ共和国	ザイール	12	10	83
2004	スーダン	スーダン	17	7	41
2003（11～12月）	コンゴ共和国	ザイール	35	29	83
2003（1～4月）	コンゴ共和国	ザイール	143	128	90
2001～2002	コンゴ共和国	ザイール	59	44	75
2001～2002	ガボン	ザイール	65	53	82
2000	ウガンダ	スーダン	425	224	53
1996	南アフリカ（旧ガボン）	ザイール	1	1	100
1996（6～12月）	ガボン	ザイール	60	45	75
1996（1～4月）	ガボン	ザイール	31	21	68
1995	コンゴ民主共和国	ザイール	315	254	81
1994	コートジボアール	タイフォレスト	1	0	0
1994	ガボン	ザイール	52	31	60
1979	スーダン	スーダン	34	22	65
1977	コンゴ民主共和国	ザイール	1	1	100
1976	コンゴ民主共和国	ザイール	318	280	88
1976	スーダン	スーダン	284	151	53

参考：「臨床と微生物 Vol.42 No.3」

ラの綿工場で感染したうちの一人が、マリディの病院を受診したのです。すると、この男性の体液や血液、排泄物や吐しゃ物に接触することで、病院の医療関係者や他の入院患者に悲劇的な院内感染が発生したのです。

このとき、マリディ病院に入院していた患者二一三人中九三人がエボラウイルスに感染（この時点では、エボラウイルスは発見されていません）。さらに医療従事者を中心に病院関係者の三分の一が感染・発症し、四一人が死亡しました。

「怖ろしい奇病が流行している」と、病院関係者やまだ動ける患者らが一斉に逃げ出し、この病院を起点として、エボラ出血熱が近隣の村々に拡散していったのです。

このときのエボラ出血熱のアウトブレイクは、十一月二十日までにほぼ終息を見ましたが、感染患者は二八四人、死亡者は一五一人、致死率五三パーセントでした。これが、最初のエボラウイルス病の流行です。

では、ヌザーラの綿工場で最初にこの奇病を発症した従業員らは、どこから、何のウイルスに感染したのでしょうか。この怖ろしい感染症の病原体探しが始まりました。

約二〇〇〇人が働いている綿工場はトタン屋根の質素なもので、その屋根には夥しいコウモリが棲みつき、糞を堆積させ、尿が滴り落ちていました。特に、初期の患者

◆コウモリ

イラスト：オカダマキ

が高率で発生した織物室で捕らえたネズミやコウモリ、昆虫や蜘蛛(くも)からの感染が疑われましたが、検査の結果、それらしいウイルスは見つかりませんでした。

現在ではエボラ出血熱の病原体としてエボラウイルスが同定され、その自然宿主はオオコウモリであるとする説が有力です。カメルーンで捕まえられたコウモリの血液中からは、エボラウイルスに対する抗体が見つかっています。

そして、驚くことに同じくカメルーンのジャングルに住むピグミー族の人々の一五パーセントは、エボラウイルスに対する抗体を持っていることも報告されています。抗体を保有していることは、過去にエボラウイルスに感染した経験があることを強く示唆するものです。

エボラウイルスは、こうしたアフリカの地域に広がる密林のどこかで、なんらかの野生動物の体内に潜んでいると考えられます。

そして、その野生動物に他の動物が偶発的に接触することでエボラウイルスに感染しますが、特に、終末宿主である人やチンパンジーやゴリラなどの霊長類に感染すると、強い病原性を示して、高致死率で死に至ると考えられます。

密林の村の医療施設で……

ヌザーラでのエボラ出血熱の発生から二カ月後、今度はザイール（現コンゴ民主共和国）のヤンブクという村をエボラ出血熱が襲いました。悪夢の舞台はヤンブク伝道病院です。ここには医師はいませんでしたが、住民たちにとっては貴重な医療施設であり、一日三〇〇人から四〇〇人もの患者が訪れていました。

施設では、抗生物質の投与、ビタミン注射、そして脱水に対する輸液等の医療行為等が行われていました。ここでも医療器材の不足は慢性化しており、一本の注射器と注射針を一日に何百回も使い回すという信じがたい危険な行為が常態化していたのです。

一九七六年八月二十八日、この伝道病院に三十歳の男性がやってきました。激しい下痢と血便、鼻血といった症状を呈していた男は即入院処置がとられましたが、医療知識のないシスターらは、男の病名を特定できません。すると、男はシスターの静止を振り切って施設を立ち去ってしまい、その消息は現在までも不明です。

この出来事から一週間ほどがたった、九月五日。今度は四十歳過ぎの男性が危篤状態で運びこまれました。嘔吐(おうと)と下痢のため脱水症状が激しく、頭痛と高熱、胸が痛み、錯乱状態でした。その後、鼻や歯茎からも出血し、下痢便や吐しゃ物にも血が混じったのです。

シスターらには、気がかりなことがありました。この男性は、病院に運び込まれる四日前の九月一日にも、この病院を訪れていましたが、そのときはマラリアと診断され、抗マラリア薬であるクロロキンの注射を受けていたのです。

同じ日、男性と一緒に治療を受けて、貧血のための輸血を受けていた十六歳の少女やビタミン注射を受けていた女性らも、まさに男性が施設に運びこまれたのと同じ頃、血を吐き、目から出血して、半ば錯乱状態となって、生死をさまよっていたのでした。

さらに、これらの症状が出た患者を看護していた人たちにも、エボラウイルス病の初期症状である発熱と頭痛の症状が現われ始めていたのです。

これまで遭遇したことのない怖ろしい症状に接したシスターたちは、この奇病への対処の方法がわからず、黄熱病か、腸チフスかもしれないと考えあぐねている間に、患者らは全員死亡してしまいました。

男性の遺体は、この土地の習慣にのっとり、母や妻などの女性親族を中心とした女性たちの素手で、〝食べたものや排泄(はいせつ)物を全て体外に出す〟作業がなされた後、埋葬されました。

数日後――。男性の葬儀に参加して作業にあたった女性たちも、同じ奇病、つまりエボラウイルス病に感染して、次々と発症してしまったのです。最終的に、男性の葬儀の後、彼の周囲にいた友人や親族二一人が感染し、一八人が死亡しました。

時を経ずして、伝道病院は、エボラ出血熱という彼らにとって未経験だった新しい致死的伝染病の大流行に襲われたのです。

病院は、生死をさまよう人々であふれかえりました。シスターたちの多くも発症してしまい、残されたシスターらはもはや自分たちの手に負えない事態だと察知し、緊急無線を使って助けを求めました。

これまでになかった怖ろしい奇病が流行りだして、狂乱状態となった人々が村から逃げ出しました。村から逃げ出した人の中には、すでにウイルスに感染し、潜伏期に入っていた者もいました。すると、逃げた先で発症してしまい、別の土地に流行を拡げることになったのです。

シスターらは、無線でさらなる助けを懇願しました。そして、やっとWHOや政府がこの謎の感染症の解明に乗り出したのでした。

流行の陰に貧困問題

結果的に、約二カ月の間に病院とその周辺で三一八名が発症し、二八〇名が死亡しました。CDC（米国疾病予防管理センター）、WHO、ベルギーの調査チームが入り、流行はやっと終焉したのです。

WHOが、この死病の微生物学的な原因究明に乗り出し、世界中の主要な研究施設がその病原体の同定を開始しました。その結果、電子顕微鏡の視野には、クエスチョン・マークのような新しいウイルスが現れたのです。その病原体は「細長い、虫のような姿をしており、片方の端はまっすぐに伸び、もう一端がコイルのように巻いていた」のでした。

この病原体は新しいウイルスであったため、「この病気が最初に出現した地域にある小さな川の名前にちなんで、『エボラ』と名づけるよう提案」されました。

ヤンブクでの大量死を招いたウイルスが特定されたことで、その二カ月前にスーダンのヌザーラの綿工場で起こった奇病の流行の原因も、同じエボラウイルスであったことが遡って判明しました。

ヤンブクの伝道病院では、「初発患者（一〇三人中）七二人は、伝道病院で滅菌せずに使われていた注射針が原因」でエボラウイルスに感染していました。この病院の初期の患者の過半数を占めたのは妊婦たちで「元気と満足感を与えてくれる魔法の注射」とされた〝ビタミンBの注射〟をこの伝道病院で受けていたのです。

注射針が使い回しされたことで、彼女たちは体内にエボラウイルスを打ち込まれたことになります。ヤンブクとマリディの病院で注射を受けた人が、一回でエボラに感染する確率は、なんと九〇パーセントを超えていました。

ヤンブクで分離されたエボラウイルスは、最悪の致死率を示すエボラ・ザイール（ザイール株）です。そして、二〇一三年末から始まった西アフリカ三国でのエボラウイルス病の大流行も、このエボラ・ザイールだったのです。

MERS——大流行する新型コロナウイルス

重い肺炎を引き起こす

MERS（Middle East Respiratory Syndrome 中東呼吸器症候群）は、二〇一二年に見つかった新型コロナウイルスによる急性の呼吸器感染症です。二〇〇三年には突然、原因不明の重症の急性肺炎としてSARS（重症急性呼吸器症候群）のSARSウイルスが発生、アジアを中心に世界各地で流行を起こしパニックとなりました。MERSは、そのSARSウイルスの近縁ウイルスによる感染症です。

MERSは二〇一二年にサウジアラビアで第一例の感染者が確認されて以来、アラビア半島やその近隣地域などで感染者や患者の発生が続いています。そして、感染者が航空機などで移動することで、マレーシア、フィリピン、韓国などのアジア地域やヨーロッパ、米国にも感染者が発生しました。

特に二〇一五年五月には、韓国でMERSが流行。隣国の韓国でのMERSとい

◆MERSの発生が報告されている中東諸国

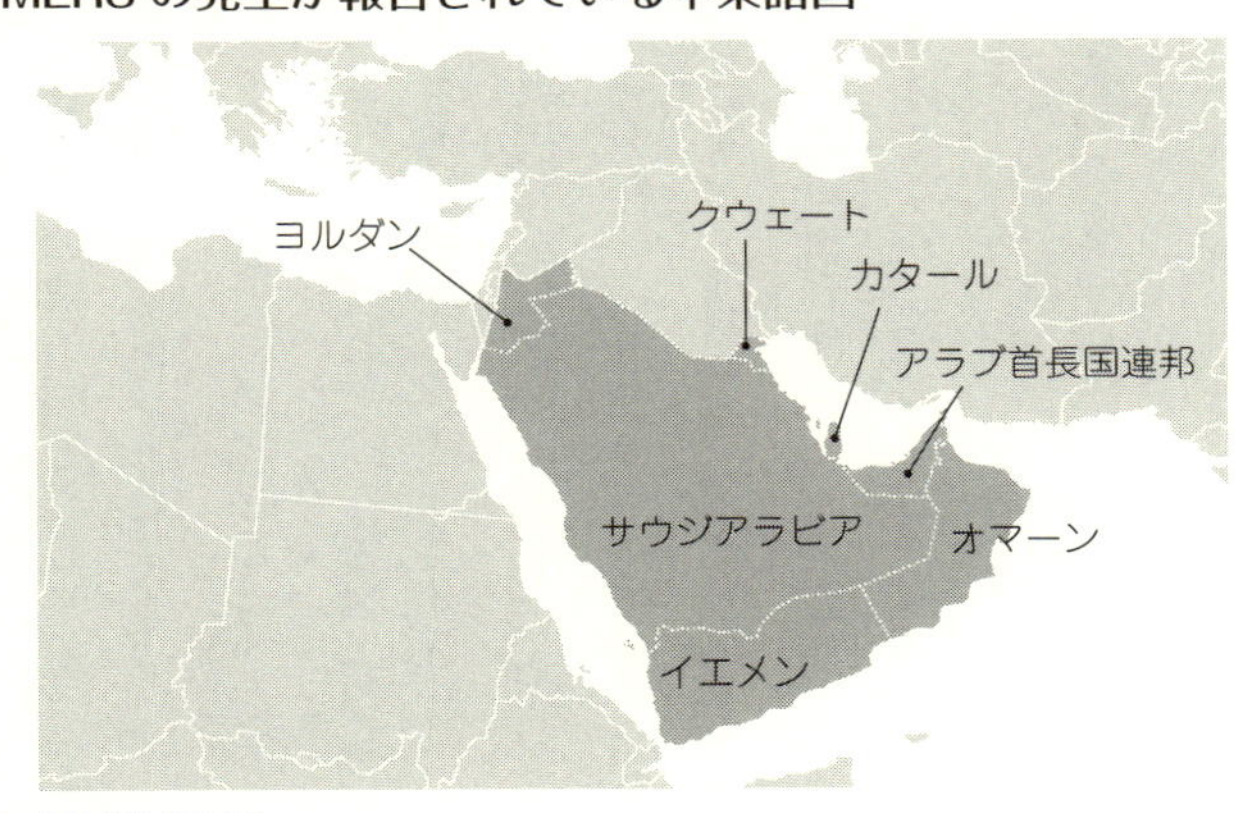

出典：厚生労働省のHP
（http://www.mhlw.go.jp/stf/seisakunitsuite/bunya/kenkou/kekkaku-kansenshou19/mers.html）

う、耳慣れない新しい病気の発生、しかも重症な肺炎を起こして致死率も高いという情報に、日本国内へのウイルス侵入が心配されたのです。

韓国で流行

この韓国でのＭＥＲＳの流行は二カ月あまり続き、収束までに一八六人の感染者と三八人の犠牲者が出たのでした。

致死率は約二〇パーセントにも上り、延べ一万人以上の人達がＭＥＲＳウイルスに暴露された疑いがあるとして隔離の対象となりました。

韓国内の流行の最初の感染者は、二〇一五年五月二十日にバーレーンから帰国した六十代の男性で、中東への渡航歴がありました。しかし、中東滞在中に後述するMERSの感染源となるヒトコブラクダや感染患者との接触はなく、感染時期も感染源も感染経路も不明でした。

ラクダや患者との接触といった直接的なMERSウイルスの感染経路が否定されたことから、現地ではインフルエンザのように市中でMERSウイルスの伝播（でんぱ）が起こっているのではないかとも考えられたのです。

この男性が帰国後に複数の医療機関を次々と受診、最終的に入院したソウル近郊の病院で大勢の人たちに二次感染を起こして、感染拡大の発端となったのでした。

このように一人から多くの二次感染者を出す感染患者は「スーパー・スプレッダー」と呼ばれます。どのような人がスーパー・スプレッダーとなるのか、その正体は不明ですが、免疫状態の低下によって大量のウイルスを排出して感染源となることや他者への感染効率を高めるような環境が揃うなどが考えられます。

韓国での流行では、このようなスーパー・スプレッダーが数人確認されており、感染拡大の要因になったと推測できます。

MERSという病気の正体

ＭＥＲＳは、ＭＥＲＳコロナウイルスの感染によって起こります。二〜十二日程度の潜伏期の後、風邪のような発熱、咳、息切れなどと、さらに急速に重症化していく肺炎がＭＥＲＳの主な症状です。約三割の患者は下痢も伴います。

これまでＭＥＲＳと確定された患者の全てが呼吸器の症状を出し、ほとんどが重症な急性呼吸器症状で入院しています。重篤なウイルス性の肺炎に加えて、急性呼吸促迫症候群や多臓器不全も起こし、多くの場合で腎不全も起こしています。

ＭＥＲＳが出現してから四年あまりが経過し、多数の感染者と犠牲者を出していますが、いまなお不明な点が多い病気です。中東におけるＭＥＲＳ患者の死亡例の多くがイスラム教徒であり、宗教上の理由で解剖がほとんど行われていないことも、病態の解明を難しくしています。

糖尿病や慢性肺疾患、免疫抑制・不全などの状態のような基礎疾患のある人は重症化しやすく、高齢者もハイリスクです。韓国での犠牲者の多くが基礎疾患を持った高齢者でした。しかし、基礎疾患のない若い成人でも重症化した症例もありますので要注意です。

ＭＥＲＳの中東における致死率は韓国よりも高く、三割を超えています。しかし、入院加療となった重症例の背後に、子供や若い世代を中心とした年齢層にＭＥＲＳと診断されていない軽症例や感染しても症状を出さない不顕性感染の人が存在していることが指摘されており、実際はもっと低いと考えられます。一方でこのような不顕性感染者が多数いることは、本人も感染に気がつかないままに周囲にＭＥＲＳウイルスを伝播させる可能性があり、流行のコントロールが難しくなります。

ＭＥＲＳはどこからやってきたのか

ＭＥＲＳコロナウイルスは、ヒトコブラクダやコウモリなどからも検出されています。ウイルスの遺伝子による系統樹解析では、ＭＥＲＳコロナウイルスの起源はコウモリのウイルスと推定されます。

中東では、ＭＥＲＳの人への感染が続いていますが、人とコウモリの直接的な接触はほとんど無く、コウモリが人への感染源とは考えにくいのです。

そこで、人と接触の可能性のあるさまざまな動物が調査されました。その結果、中東におけるヒトコブラクダがＭＥＲＳの中間宿主として働いていることが強く疑われています。

ヒトコブラクダにＭＥＲＳコロナウイルスを経鼻感染させた実験では、感染したラクダは鼻風邪のような症状を出して、咽頭には約一カ月にわたって多量のＭＥＲＳウイルスが存在していました。

また、ミルクや尿にもウイルスが検出されました。ラクダには軽症の風邪を起こすような病原体ですが、飼育者などのラクダと密な接触をする人は、ＭＥＲＳウイルスを感染伝播される可能性が考えられます。

また、ヒトコブラクダからのＭＥＲＳコロナウイルスの遺伝子とその地域のＭＥＲＳ感染者から取られたウイルスの遺伝子の特徴が一致することからも、ラクダから人への感染が強く疑われます。

さらに、中東地域での人の血液中のＭＥＲＳに対する抗体調査では、ラクダの飼育者にＭＥＲＳ抗体保有率が高いことも報告されました。抗体を持っているということは、過去に感染した経験があると考えられます。

以上の事実から、飼育者などのラクダと濃厚な接触をする機会のある人が、まず、ＭＥＲＳコロナウイルスに感染して、その感染者から人から人への感染が起こっていると推定されました。

なお、日本国内で飼育されているヒトコブラクダは三〇頭ほどいるそうですが、MERSコロナウイルスの遺伝子は検出されていません。

感染経路

二〇一四年、サウジアラビアでMERSに感染したマレーシア人は、ラクダのミルクを飲んだ後、八日目にMERSを発症しています。このように中東では、ラクダのミルクを飲んでMERSウイルスに感染したと考えられる事例が複数報告されています。MERSの発生している中東地域では、未殺菌のミルクや生肉などを摂ることを避けることが賢明です。

MERSには予防ワクチンは開発されていません。ラクダはMERSコロナウイルスを保有する中間宿主ですので、中東地域などのMERS発生・流行地域に渡航する際には、近寄らないことをお奨めします。

MERS患者の多く発生しているサウジアラビアでは有名なジャナドリア祭りのラクダレースがありますが、このようなラクダと人との密な接触はMERSウイルス感染のリスクが高まります。観光でラクダに乗るという行為も避けましょう。また、ラクダは威嚇で唾を吐くこともありますので、距離を開けることが必要です。

なぜMERSが問題なのか

中東では、近年、急速に都市化が進んでいます。高層ビルが建ち並んだ街で、人々は近代的な生活を送るようになりました。コウモリを起源とし、ラクダを中間宿主としているMERSウイルスに、人々の生活環境の変化はどう影響を与えるのでしょうか。

過去には、人々は村で小さい頃からラクダと密着した生活をし、その中で幼少期からMERSウイルスに感染する機会を得ていたのではないかと考えられます。小児の頃にMERSウイルスの初感染を受けた場合には、MERSの症状は軽症に留まるか不顕性感染に終始して、取るに足らない病気で済んでいたのでしょう。

しかし、都市での生活でラクダと接触する機会のないままに成長し、成人になって（特に中高年になって）MERSウイルスに初感染すると重症化しやすく、健康被害が顕在化してきた可能性があります。初感染を受ける年齢層が子供から大人に移行したため、中高年齢で重症化しやすいＭＥＲＳは、問題のある疾患となって現われてきたとも推察されます。

コロナウイルスは、通常、動物の種の壁を超えて感染することはほとんどありません。しかし、ＳＡＲＳコロナウイルスやＭＥＲＳコロナウイルスは、種を超えて人に感染して、重症肺炎を起こしています。

ＳＡＲＳコロナウイルスも、中国南部のコウモリを起源としたウイルスであると推定されます。それが遺伝子の変異を起こして人に感染しやすくなって流行を起こしました。ＭＥＲＳも同じような遺伝子の変異を起こし、人から人へ感染伝播する効率を上げて、流行を起こす危険性があるのです。

このために、ＷＨＯは二〇一三年にＭＥＲＳの最初の感染患者が確認報告されて以降、ＳＡＲＳのように国境を越えた流行を起こすのではないかと警鐘を鳴らし続けているのです。

ラクダは
かわいいけれど
感染には
気をつけよう

ジカウイルス――ウガンダの森の奥で発見

発熱するサル

一九四七年、アフリカのウガンダ・エンテベ近郊のジカ森――。研究者らは、黄熱ウイルスを媒介するネッタイシマカ（蚊）に吸血させるために樹上に設置した檻（おり）の中にアカゲザル入れ、その様子を観察していました。やがてサルは発熱。その血液から分離されたのは黄熱ウイルスではなく、未知のウイルスでした。

こうして、偶然に発見されたのがジカウイルスです。

人からは、一九六八年にナイジェリアで初めて見つかりました。さらにネッタイシマカに近縁の蚊からもジカウイルスが見つかり、ネッタイシマカやヒトスジシマカなどの蚊によってウイルスが媒介されることがわかったのです。今後、もしも日本でジカウイルス感染症が発生することになれば、デングウイルス（四六頁）と同じようにこのヒトスジシマカがウイルスを人に運ぶことになります。

発見されてから六十年間は、ジカウイルスによる目立った流行は発生していません。最初の流行は、二〇〇七年にミクロネシア連邦のヤップ島で、三歳以上の島民約七〇〇〇人のうち約七三パーセントが感染したとされます。このとき、多くの感染者は自覚症状がない不顕性感染でした。

二〇一三年九月からフランス領ポリネシアで流行が起こり、三万人の感染者が出たと推計され、約七〇人が重症。二〇一四年にはニューカレドニア、クック諸島、チリのイースター島にも波及しました。

そして、二〇一五年からブラジルで流行が起こり、二〇一七年二月現在、アジア諸国やアフリカなどの世界各地への感染拡大に繋がっています。ブラジルへのジカウイルスの侵入は、ウイルス遺伝子の解析結果から、二〇一四年の六月から七月に開催されたワールドカップのための人の移動や交流と推定されています。

そして、ブラジル・リオデジャネイロオリンピックの開催が迫った二〇一六年五月、世界二〇カ国の医師や科学者、研究者ら二〇〇人が、WHOに対してジカウイルス流行地でのオリンピック開催によるウイルスの世界的な拡散を懸念し、開催の延期か開催地の変更を求めた〝公開書簡〟を提出したのです。

ジカウイルス感染症の発生しているブラジルにオリンピックの観戦に訪れた世界中の多くの人々が、感染した可能性のある状態で帰国すれば、ジカウイルスは世界各国に拡散、流行が始まるかもしれない。そのようなリスクは回避すべきであるとしたのです。

これに対して、ＷＨＯはこの公開書簡を拒絶。リオ五輪の中止や延期をする公衆衛生学的正当性はないとしました。この時点で、すでにジカウイルスの流行地は世界六〇カ国に上り、米大陸だけでも三五カ国となっており、これらの流行地域を人々はさまざまな理由で旅行し続けているとして、五輪の開催地の変更や延期の公衆衛生学的見地からの正当性はない、と主張したのです。

さらに、ＷＨＯはリオ五輪が開催される八月は、南半球のブラジルは冬季にあたるため、蚊に刺される可能性は低下すると発表しました。しかし、冬季であっても、リオデジャネイロは赤道に近い亜熱帯地域で、平均最高気温は二六度と高く、九月の東京と同じ位の気温なので、蚊が活動できる環境下にありました。

ましてや、観光客の母国のほとんどは北半球で夏ですから、もしも感染して帰国すれば、その感染者の周囲に蚊の媒介でウイルスが拡がる可能性があったのです。ちなみに蚊が活動しやすい気温は二二度から三一度で、二六度を超えると吸血行動が活発化します。

このように五輪開催地の変更にまで議論の及んだジカウイルス感染症。それはジカウイルスが妊婦に感染すると胎盤を通して胎児にも感染し、子供に小頭症を始め、さまざまな重大な障害を生まれながらに与える可能性のある怖ろしい感染症であったからです。

小頭症児の発生

ジカウイルス感染症は、「ジカウイルス病」と「先天性ジカウイルス感染症」の二つがあります。

まず、ジカウイルス病について取り上げましょう。ジカウイルスに感染すると、二〜十二日（多くは二〜七日）の潜伏期の後に軽い発熱、頭痛、発疹、結膜炎や関節痛、筋肉痛などが現れることがあります。〝あります〟と表記したのは、感染しても八割くらいの人は症状が現われず、症状があっても気付きにくい場合もあるからです。

このように、ジカウイルス病はほとんどの場合は軽症で予後のよい感染症です。そして、一度、感染すると免疫ができると言われており、これまでは、公衆衛生上特に問題とならない軽い病気と考えられていました。別名ジカ熱とも呼ばれ、ブラジルでの感染爆発の前までは、多くの研究者や医者がその名前も聞いたことがないというウイルス感染症でした。

しかし、二〇一五年十一月初め頃から、ジカウイルス感染症が大流行しているブラジルで小頭症の新生児が急増していることが報告されると、大問題となり始めたのです。

小頭症とはそもそも稀（まれ）な疾患です。胎児期から乳幼児期に脳が十分に発達せず、頭蓋骨の成長も不十分であるために脳の機能の発達が妨げられ、知能障害や運動障害、痙攣（けいれん）などが起こる、生まれながらの重度の障害です。

ですから、頭の大きさが普通より小さい状態だけでなく、さまざまな先天異常の集合体と理解されています。ジカウイルス感染が引き起こす、もう一つの病気「先天性ジカウイルス感染症」は、ジカウイルスが胎児へ感染し、小頭症などの重大な障害を引き起こす、怖ろしい感染症であったのです。

ＷＨＯが緊急事態を宣言

二〇一五年十一月、ブラジル国内でのジカウイルスの流行を受けて、ブラジル政府は妊婦のジカウイルス感染による小頭症児の発生に対して、国家緊急事態を宣言。この時点では、ジカウイルス感染と小頭症の発生との因果関係は、まだ確定していませんした。

小頭症の原因がジカウイルス感染と確定したのは、これより約半年後の二〇一六年四月です。ブラジル政府は「妊婦が妊娠三カ月以内にジカウイルスを保有する蚊に刺されて感染すると、新生児が小頭症を発症するリスクが高い」として、国民に警告したのです。

その後の調査や研究により、妊娠初期だけでなく中期にも注意が必要であり、妊娠六カ月を超えると小頭症の発生の可能性は低くなるとされています。しかし、すでに多くの妊婦が感染を受けていることが考えられ、小頭症児の増加が懸念されました。

その予感は的中し、二〇一五年十二月二十七日から二〇一六年一月三日までの約一週間に、ブラジルで小頭症の疑いのある新生児が三五三〇人発生しました。この人数は、ブラジルで誕生する新生児の実に一パーセントが小頭症であるという脅威です。

この事態を受け、WHOは二〇一六年二月一日、ジカウイルス感染症の流行を世界的な健康危機と判断して「国際的に懸念される公衆衛生上の緊急事態」と宣言。ジカウイルスの拡大を世界に警告しました。

WHOのマーガレット・チャン事務局長は、「ジカウイルスに感染した妊婦からの小頭症の新生児の出生は、ジカウイルス感染との因果関係が医学的に証明されていなくとも（当時）、脳の発達障害を起こしている新生児が多く生まれてきているインパクトはあまりに大きく、公衆衛生上の危機宣言発令の意義を認める」としました。

このとき、ジカウイルスの流行はブラジルだけでなく、中南米を中心に二〇カ国に拡がっていたのです。その後、流行地域はますます拡大、感染者と小頭症児、ジカウイルス感染の合併症であるギランバレー症候群患者の増加報告が続きました。

二〇一七年一月現在では、世界七〇カ国以上に拡大し、中南米、オセアニア太平洋諸島、アフリカ（カーボベルテ）、タイ、ベトナム、フィリピン等のアジア諸国も流行地域となっています。

検疫では侵入を止められない

二〇一七年一月現在、アジア諸国でもジカウイルスの発生・流行が起こっています。タイで二例の小頭症児の発生も報告されました。これらの国々は日本との往来の大変に多い国々です。中南米諸国とは比較にならないほどに日本へのジカウイルスの侵入のリスクが高まります。

空港などで出国と入国のエリアにジカウイルス感染症の注意を促すポスターを目にすることもあると思いますが、そもそも感染者の五人に一人にしか症状が現われない状態ですから、検疫でジカウイルスの侵入を阻止することは不可能です。サーモグラフィーを使った発熱チェックをしますが、ジカウイルス感染では三八度以上の発熱は稀です。

不顕性感染の人はジカウイルスに感染していると自覚していないため、自分が感染源となるとは思ってもいません。困ったことにこの不顕性感染者の血液中にも、多くのジカウイルスが存在しています。

不顕性感染の妊婦から（つまり感染を知らない妊婦から）、小頭症の赤ちゃんが生まれたという怖ろしい事例も報告されています。ジカウイルスの流行地では、女性が妊娠することを躊躇ったり、妊婦がジカウイルス感染に怯えて妊産期を過ごしているのです。

ブラジルでは二〇一五年に始まったジカウイルスの大流行で、これまで二二八九人の小頭症の新生児が確認され、三二四四人に小頭症の疑いがあるとされています(二〇一七年一月現在)。米国疾病予防管理センターの報告によれば、出生時に正常とされても、後に深刻な脳の障害を起こし、小頭症を発症する場合もあるとされます。

頭部の成長が遅れ、小頭症からの重度の神経系の合併症を併発するため、現地の母親らが先天性ジカウイルス感染症の赤ちゃんを抱き、「ジカウイルスがこんなにも残酷だなんて」と涙している状況も報道されました。

性交渉でも感染

さらに、ジカウイルスは感染した人との性交渉によっても感染します。感染した男性の精液には二カ月以上もジカウイルスが存在します。ジカウイルス感染症は性感染症でもあるのです。感染した女性との性交渉で男性が感染した事例も報告されました。

流行地から帰国した人は症状の有無に関わらず六カ月間、パートナーが妊婦である際は出生までの期間、コンドームを使用するなどの安全な性行動をとるか、性行為を自粛することが奨められています。

ジカウイルスの感染伝播の事例をシミュレーションしてみましょう。日本人男性が出張でアジアのジカウイルスの流行地に滞在、現地で蚊に刺されました。ジカウイルスに多い不顕性感染で、症状も無かったためにジカウイルス感染を知らずに帰国。

帰国後、通常の生活をする中で奥さんやパートナーに性行為でジカウイルスを感染させました。彼女はちょうど妊娠初期だった――。これは起こりうるケースです。また、二カ月以上にわたり精液にジカウイルスが排出されるため、妊娠や感染が同時期に起こることも考えられます。

ジカウイルスの予防ワクチンはまだ未開発です。実用までには少なくとも数年はかかるとされています。さらに、このウイルスに効く薬もまだありません。

日本にこのジカウイルスが入り、以前のデング熱のような国内感染が起こらないことを願うばかりです。今、私たちがジカウイルスと闘うカードは、蚊に刺されないようにするという消極的なものに留まるです。

デング出血熱——年間一億人超の患者数

七十年ぶりの国内感染

「断骨熱」という別名を持つほどの激烈な症状で、蚊が媒介する感染症のデング熱。このデング熱の病原体はデングウイルスで、主としてデングウイルスを媒介する蚊であるネッタイシマカも、その起源はアフリカであったとされます。

このアフリカの風土病とネッタイシマカが奴隷船で大西洋を渡り、西インド諸島や米国に運ばれたのが、広い世界へこの感染症が拡散するきっかけでした。

最初に記録されたデング熱の流行は、一七七九〜一七八〇年。デング熱が北アメリカを席巻しました。米国フィラデルフィアのベンジャミン・ラッシュ医師は、「熱に伴う痛みは強烈である。頭、背中、手足。頭痛はときに後頭部、ときに眼球部を襲った。どの階層の人も、この病気を断骨熱と呼んでいる」と記述しました。

突然の高熱に骨が砕かれるかとも思われるほどの強い関節痛や筋肉痛は、身の置き場のないというほどの激痛のため、「骨折病」との呼び名すらあったのです。

これ以降も、デングウイルスは媒介する蚊とともに流行地を拡げ、十九世紀には主にカリブ諸島から中米地域で、二十世紀に入ると熱帯・亜熱帯地域に広範囲に拡がって、これらの地域に土着しました。さらにだんだんに温帯地域にも流行をもたらしながら、広く流行を繰り返すようになっていったのです。

日本では、一九四二〜一九四五年に大阪、神戸、長崎などを中心としてデング熱が流行し、全国で約二〇万人の患者が発生しました。東南アジアからの輸送船にデングウイルスに感染した船員がいたことでウイルスが侵入、日本に生息するヒトスジシマカが媒介して流行を起こしたのでした。

当時は、多くの防火用水桶が設置され、そこでボウフラが羽化し、船舶にも現地から水が積み込まれていました。流行は港のある地域を中心として起こりましたが、戦時中の東南アジアからの船舶の往来が原因と考えられます。南方に出征している日本兵の中でも、デング熱が蔓延(まんえん)していました。終戦後にも帰還兵によって、国内でのデング熱流行が発生しています。その後、日本ではデング熱の国内での感染例は途絶えていました。

◆ヒトスジシマカ

イラスト：オカダマキ

このデング熱が、二〇一四年夏に約七十年ぶりに、国内で一五〇名以上の流行を起こしました。東京中心部の公園が起点となって各地に感染者が移動したこともあり、大きく報道されたのです。

このとき、デング熱発症を最初に確認された症例は、都内の学校に通う十八歳の女子学生で、代々木公園でデングウイルスを持ったヒトスジシマカに刺されて感染しました。一緒に代々木公園を訪れていた友人二名も同じ時期に同様の症状が出ており、この公園を感染地域として、他にも複数の患者が発生していたのです。

おそらく海外でデングウイルスに感染して血液中にデングウイルスを持った人が、

代々木公園を訪れてヒトスジシマカに吸血され、そのヒトスジシマカがデングウイルスを持つようになって、公園内に居た別の人を刺して、感染を拡げたと考えられます。公園内で人→蚊→人のデングウイルスの感染環ができ、こうして感染した人が、近隣の新宿の公園に移動することで、またそこに感染エリアを作りあげることになったと考えられます。

これらの公園は閉鎖されて大規模な蚊の駆除が行われ、引き続き防蚊対策が取られています。それらが功を奏して、二〇一五年、二〇一六年にデング熱の国内感染の報告はありません。

しかし、地球温暖化に伴う蚊の生息域の拡大や降雨量の増加などの気候変化による影響で、二〇八五年には、デング熱流行地域に住む総人口は五二億人にまで広がると試算する研究者もいます。

温帯地域の日本に住む私たちも、デング熱に無関係とは言えない状況が進行しているのです。毎年一五〇〇万人以上の日本人が海外旅行に出かけていますし、さらに観光立国を目指して年間二〇〇〇万人の観光客を招く目標を立てている日本では、今後、いろいろな病原体の侵入に曝されることになります。

◆ヒトスジシマカ温暖化で上昇中

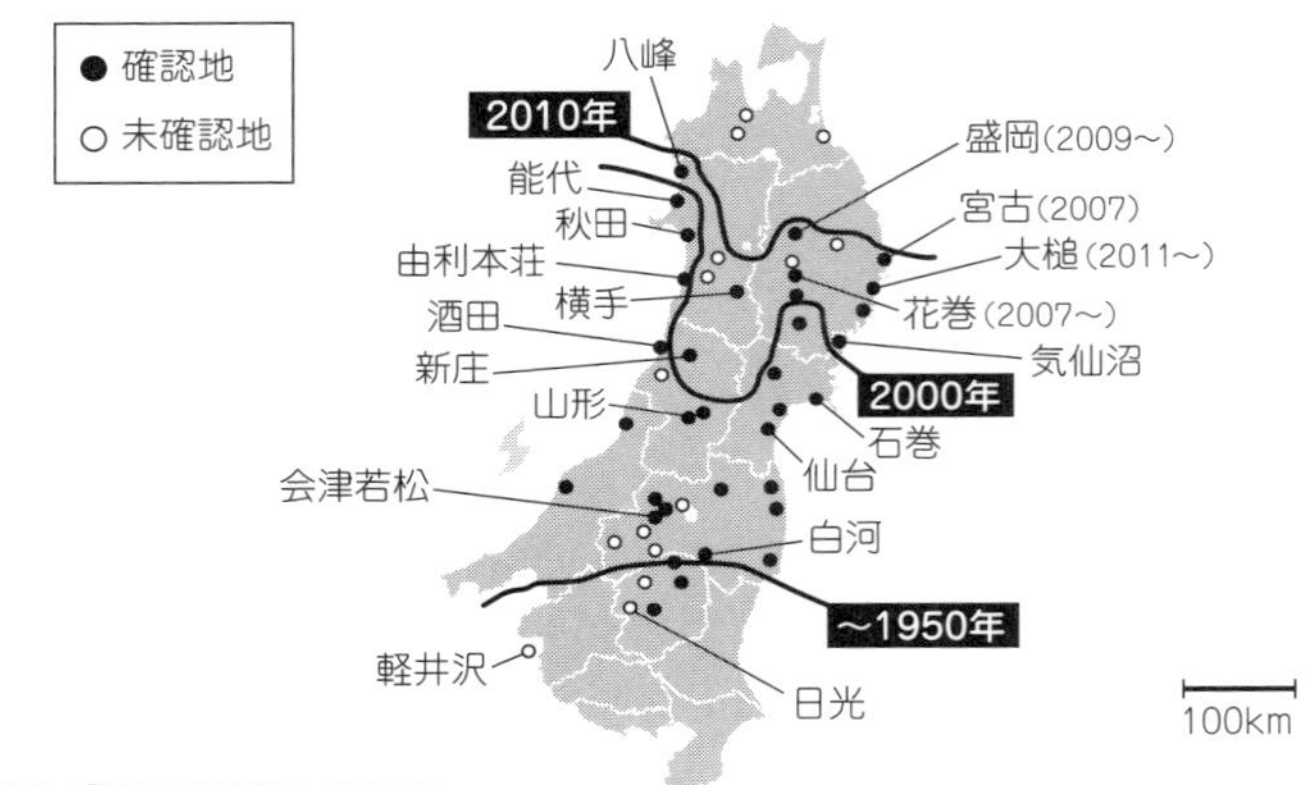

参考：「臨床と微生物 Vol.42 No.3」

特にデング熱は脅威となる可能性があります。今は、あまり耳にしない感染症ではありますが、実はすぐ側まで来ている病気です。そして、デングウイルスは二回目以降の感染では、重症化してデング出血熱という怖ろしい感染症に変貌する可能性があるのです。

年間一億人の患者数

デング熱は、主に東南アジア、中南米、アフリカなどの熱帯、亜熱帯の広い地域で流行し、実に一二八カ国三九億人もの人々がその流行地に住み、世界人口の半分以上が感染の危険に曝されているとされます。

年間のデング熱感染者数は三億〜五億

人、発症した患者数は一億人にも上り、その内の五〇万人が、デング熱から重症化したデング出血熱を発症して、そのうち二・五パーセントが死亡しています。後述しますが、デングウイルスの感染症には、デング熱とデング出血熱の二つのデングがあります。日本ではデング熱だけが報道されるケースが多く、デングウイルス感染症の問題の本質である、重篤化して生命に関わる「デング出血熱」はほとんど知られていません。

日本との往来の多いマレーシアやフィリピン、ベトナム、シンガポールや台湾などの諸国で、デング熱は多くの患者を出しています。これらの海外からの入国者・帰国者が日本国内でデング熱を発症する輸入症例（現地で感染して日本に入国した人）は、これまでも報告されていました。

二〇〇〇年から二〇〇九年までは毎年数十人から一〇〇人程度の輸入症例の報告でしたが、近年は二〇〇例を超えて増える傾向にありました。二〇一三年度はこれまで最多の二四九例が報告され、二〇一四年は前出の国内感染が発生しています。

もっとも、これらの数字は氷山の一角と考えられます。東南アジア諸国から毎年五〇〇万人を越える人が入国している中で、デングウイルス検査を行い診断されている感染者はごく一部にしか過ぎません。

発症して、医療機関を受診しても、デング熱と診断されていないケースが多くあるとも考えられます。前出の代々木公園での女子学生を診断したのは、海外の感染症にも強く、過去にもデング熱の症例を複数経験していた、特別な医療機関だったのです。

そもそも、東南アジア諸国を始めとしたデング熱流行地との交流が激しい日本では、海外からの帰国者や渡航者でデングウイルスが持ち込まれ、ヒトスジシマカが媒介する国内感染症例が出ることは想定内でした。

また、運び屋（ベクター）の蚊については、熱帯亜熱帯のデング熱流行地でデングウイルスを媒介しているのはネッタイシマカで、日本におけるヒトスジシマカより効率よく強力にウイルスを媒介します。そのネッタイシマカは、過去に沖縄や小笠原諸島で生息していました。

一九四四年からの三年間は熊本県でも、生息が確認されています。一九五五年以降には、日本国内での生息の報告はありませんが、海外からの航空機に紛れ込んで、日本国内の国際空港で見つかることもしばしばあります。夏場には羽田や成田の空港敷地内でこの幼虫が発見されています。

ネッタイシマカは越冬の性質がなく、また、水温が七度以下となると幼虫であるボウフラは死んでしまいますが、空港ターミナルや駅、ビル等の人工の空間には、常時、室内温度が適温に保たれ、水温が七度を下回らない水たまりが存在しているのです。

デング熱とデング出血熱

デングウイルス感染症は感染しても、実際に病気を発症するのは二〇～五〇パーセントくらいとされています。デングウイルス感染では、この不顕性感染者（病原体に感染しているのだが症状を出していない感染者）の血中にもデングウイルスが存在し、蚊に吸血されることで媒介され、本人も知らない間に他者への感染源となってしまうのです。

このデングウイルスの感染症には、デング熱とデング出血熱があります。

デング熱は、主にデングウイルスに初めて感染したときに起こってくる病気です。デングウイルスを持った蚊に吸血されて感染してから、約三～七日後に急な高熱で発症し、激しい頭痛、嘔吐、関節痛や筋肉痛、目の奥が痛む眼窩（がんか）痛などが現われます。

そして、皮膚の点状出血や島状に白く抜けた紅斑などの発疹が出てきます。約一週間で快方に向かい、通常の場合であれば、後遺症もなく回復します。

一方、デング出血熱は、デングウイルスの二回目以降の感染で起こってくる出血を伴う、致死率の高い重篤な疾患です。デングウイルスは血清型で分けられた四種類のウイルスに区別されるのですが、最初に感染したデングウイルスと異なる血清型のデングウイルスに二度目以降に感染すると発症するとされています。このデング出血熱がデングウイルス感染症の起こす問題の本質であり、怖さなのです。

デング出血熱はデングウイルスに感染した後、デング熱と同じように発症して経過した患者の一部で、解熱して平熱に戻りかける頃に、突然に血漿（けっしょう）（血液中の白血球や赤血球、血小板などの血球以外の液性成分）の漏出や出血傾向が現われて重症化し、ショック症状を起こすという怖ろしい病気です。

適切な治療を受けなければ致死率も高く、デングウイルスの初感染を受けて回復した患者が、またデングウイルスに感染した二回目以降に、このようなデング出血熱となる可能性が高くなります。このデング出血熱が、世界で年間五〇万人の患者数で発生しているのです。

特に小児に多く発生し、不安・興奮状態となって、発汗がみられ、胸水や腹水の貯留が高い頻度で認められます。肝臓が腫れあがり、著しい血小板減少と血症凝固時間の延長が起こります。

皮膚粘膜からの点状出血や、鼻や歯肉からの出血、ひどくなると消化管出血による血便や性器からの出血も起こります。デング出血熱という病名ですが、このような出血が見られるのは二割程度の症例で、出血が無くても、デング出血熱の可能性を否定できません。

むしろ重大な病態は、全身における血漿の漏出で、腹膜・胸膜、肺胞、髄膜などからの血漿の漏出が進行すると、体内の循環血液量が不足して、生命の危機に直面します。

改善に向かう場合もありますが、適切な治療が施されないと、さらに血圧が下がり、脈拍が弱くなり、四肢が冷たくなって、ショック状態に陥ることがあるのです。

このようにデング出血熱は、速やかに適切な治療が受けられないと死に至る重篤な疾患です。現在は治療が功を奏して、その致死率は二・五パーセントとされていますが、医療が受けられない地域も広くあるので、デングウイルス感染症は、海外渡航時には是非、知っておくべき感染症なのです。

日本国内における感染の可能性

これまで日本での輸入症例のデングウイルスの血清型は、一型から四型まで全ての血清型のウイルスが検出されています。二〇一四年の国内感染事例は一型のウイルスでしたが、他の血清型のデングウイルスが持ち込まれて感染者を出す可能性もあります。

台湾の中北部はヒトスジシマカが生息し、このヒトスジシマカを媒介蚊として、近隣のアジアの国々からのデング熱の輸入症例による流行が繰り返し起こっています。台湾では、毎年異なった血清型のデングウイルスが近隣諸国で流行している中で、いろいろな型のデングウイルスが持ち込まれ、デング熱の重症化の症例（デング出血熱も含む）の発生が危惧されています。日本も同様の状況に陥ることが想定されます。

また、地球温暖化によって蚊の生息域が拡大するだけでなく、気温や水温の上昇に伴って蚊の幼虫の成長速度が速まって、より短い期間で成虫となり効率よく子孫を残すことが可能となります。その結果、蚊の生息密度が上昇し、人が吸血される頻度が増して、デングウイルス感染のリスクが高まることが指摘されています。

一方、同じように蚊がウイルスを媒介するチクングニアという感染症は、アフリカやインド洋、南アジア、東南アジアの地方病とされてきましたが、二〇〇五年以降、インド洋諸国で主にヒトスジシマカに媒介されて大流行を起こしました。

このとき、病原体のチクングニアウイルスの側の要因として、ウイルスが宿主細胞に侵入するときに重要な役割を担っているタンパク質が、わずかに変異することで、ヒトスジシマカの体内でこのウイルスの増殖能が一〇〇倍にも増加していたことが証明されています。

ウイルスのわずかな変異によって、現在、チクングニアウイルスはヒトスジシマカに適応して、世界的な流行を起こしているのです。同様のことがデングウイルスでも起これればヒトスジシマカの体内でのウイルスの増殖能は飛躍的に上がり、デングウイルスの人への媒介能力が劇的に上がることになります。

そうなれば、ヒトスジシマカが主として媒介蚊となる温帯地域で大きな流行が起こってくるでしょう。デングウイルス感染症は、まさにこれからが大問題の怖い感染症です。

マラリア――寄生した原虫が赤血球を破壊

最も多くの人を殺す生物とは

蚊が病原体を媒介する感染症はいくつかあり、これらの感染症によって、世界で年間七五万人もの人々が命を失っていると推計されています。犠牲者数は人を含んだ地球上の生物の中で、抜きん出て多い数です。このため、蚊は世界で最も多くの人々を殺す「最も怖ろしい生物」とされています。

蚊が媒介する感染症の中でも最多の死亡者を出しているのは、マラリアです。日本では現在はマラリアの流行はありませんが、海外渡航者による感染者の報告はあります。年間約一〇〇人がマラリアの流行地でマラリア原虫に感染し、帰国して発症しているのです。

世界に目を向ければ、熱帯・亜熱帯地域でマラリアは流行し続けており、二〇一三年十二月の統計によると、年間約二億七〇〇〇万人が感染、六二万七〇〇〇人が死亡しているとされています。二〇一一年のＷＨＯの推計では、世界一〇〇カ国で流行があり、年間患者数二億人、死亡者数二〇〇万人ともされています。世界人口の約四割がマラリアの流行地に住み、感染リスクを持っているのです。

犠牲者の多くは、アフリカのサハラ以南の五歳未満の子供たちです。それ以外にもアジア、特に東南アジアや南アジア、パプアニューギニアやソロモンなどの南太平洋諸島、中南米などでも多くの発生があります。

マラリア流行地に育ち、何度も罹って免疫を得ている場合とは異なり、日本人旅行客はマラリアの免疫を全く持たないため、感染すると診断や治療の遅れで致命的となることもあるのです。

熱帯熱マラリア

マラリアの病原体はマラリア原虫です。人はこの寄生虫の一種のようなマラリア原虫を持つハマダラカに吸血されて、感染します。マラリア原虫が体内に侵入すると、赤血球に寄生し無性生殖（多数分裂）で増え、次々と赤血球を破壊していくのです。

マラリアには熱帯熱マラリア、三日熱マラリア、四日熱マラリア、卵形マラリアの

◆マラリアの感染環

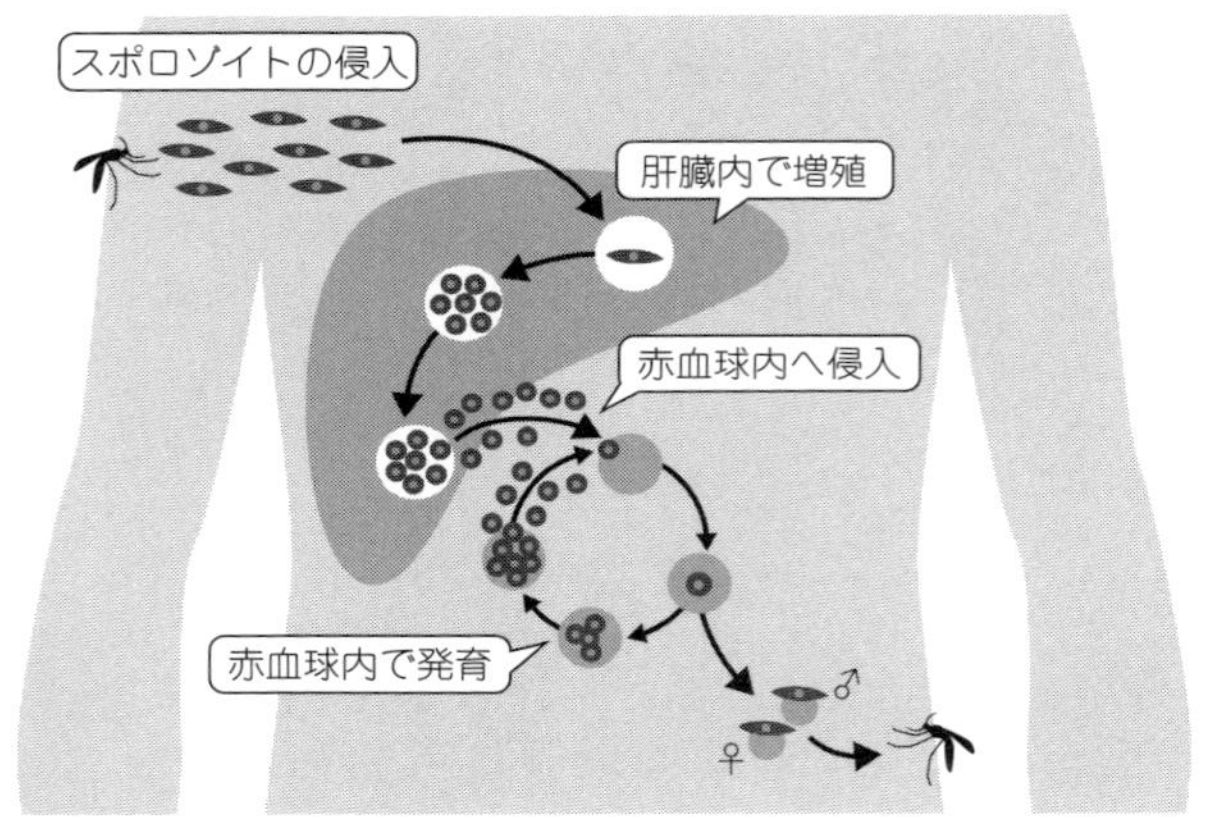

参考：Nature419:6906,2002

主に四つの種類があります。特に熱帯熱マラリアは発症から二十四時間以内に治療しないと重症化し、しばしば死に至る怖ろしい病気です。

また、二〇〇四年にはマレーシア・ボルネオ島でサルマラリア原虫での人の集団感染が起こっています。以降、東南アジアの広い地域でサルマラリアが人に感染して問題となっています。

このサルマラリアでも死亡者が出ています。日本人でも、二〇一二年にマレーシアから帰国した植物・昆虫学者の男性がサルマラリアを発症しています。マレーシアの他にも、東南アジアの熱帯雨林地帯にサルマラリアは広く分布していることが明らか

◆三日熱と卵形マラリアの増殖周期と人の発熱

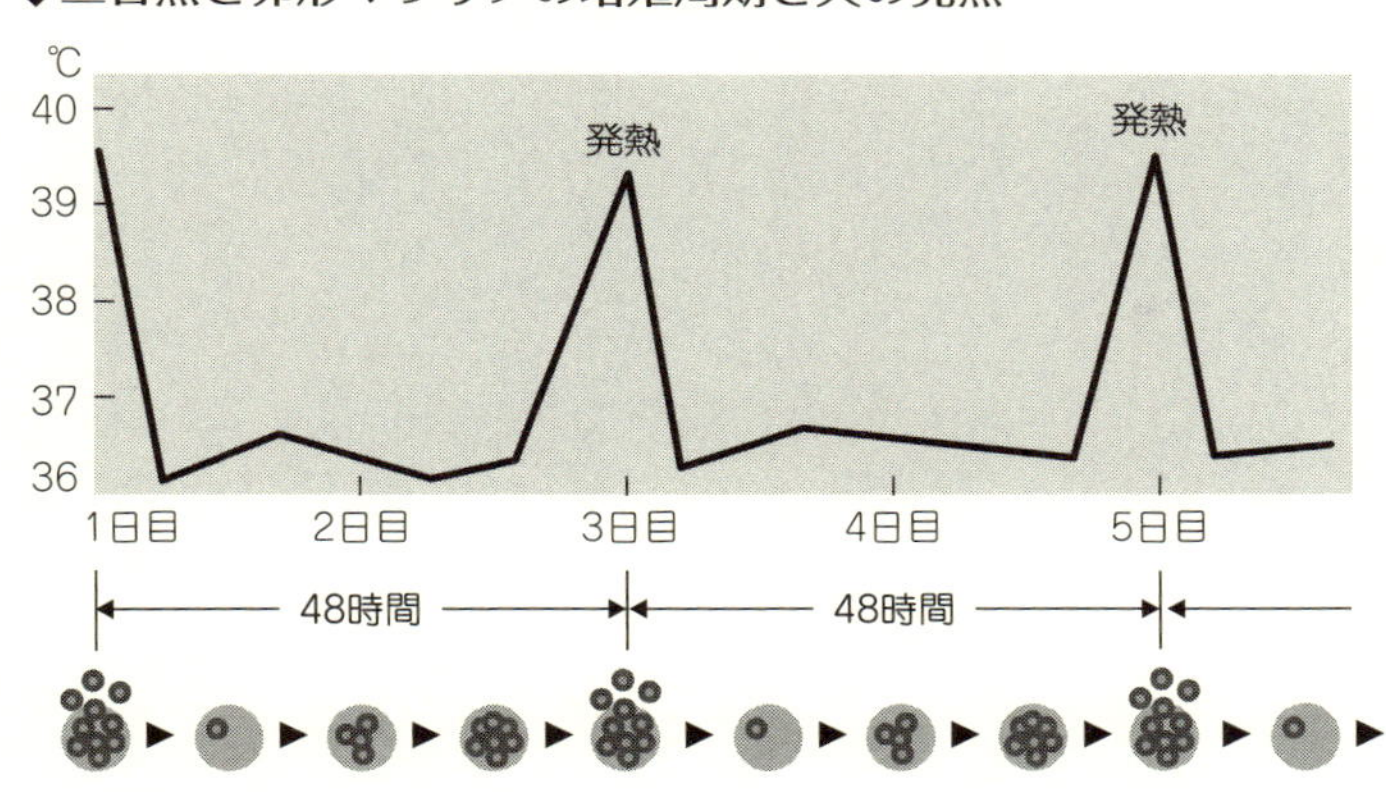

出典：「モダンメディア 56巻6号」

となり、五つめの人のマラリアと提唱されるに至っています。

　マラリアは発熱、悪寒、震えと共に三八度以上の熱発作に見舞われて発症します。そして、頭痛、悪心、倦怠感などの症状が出て、マラリア原虫が赤血球を破壊して血液中に放出されるタイミングで、周期的に発熱を起こします。

　その周期は、三日熱と卵形マラリアでは四十八時間ごと、四日熱では七十二時間ごととされますが、熱帯熱マラリアでは不定期で短く、高熱が続くことになります。

　症状が進むと貧血や皮膚や白眼が黄色くなる黄疸が現われ、さらに進行すると肝臓や脾臓が腫れて、血液中の出血を止める働きをする血小板が減少してきます。

特に熱帯熱マラリアは重症化しやすく、脳症、腎症、肺水腫、出血傾向、重症貧血など、さまざまな合併症を起こし、致命的となります。ですから、熱帯熱マラリアはできるだけ早く治療を開始する必要があります。発症してから治療開始までの期間が六日を越えると致命率が非常に高くなります。予防ワクチンの開発が熱望されますが、マラリア原虫に対するワクチンは開発されていません。

さらに心配なのは、マラリア治療薬に対して、耐性を持ったマラリア原虫が発生していることです。一般的なマラリア治療薬には耐性の報告が多くあり、治療薬の選択の変化が激しくなっています。

現代社会におけるマラリアの問題点

マラリアは、すでに紀元前四世紀にヒポクラテスにより、発熱が常に起こる毎日熱、一日おきに起こる隔日熱、四日ごとに起こる間欠熱と分類して記載され、人類が古くから苦しめられた感染症です。

現在でも世界三大感染症「ＨＩＶ／ＡＩＤＳ（エイズ）、結核、マラリア」として、公衆衛生上の大きな脅威となっています。健康被害が大きいと、労働力不足を伴い、経済発展を阻害し、莫大な治療費の負担は国家財政を圧迫して、流行国の貧困に繋がります。

地球温暖化により、マラリア原虫を媒介する蚊の棲息域の拡大や降雨量増加による幼虫の棲息水域の拡がりも指摘されています。このまま地球温暖化が進めば、二一〇〇年には北米、ヨーロッパ、オーストラリアまでがマラリア流行地になるという研究報告もあります。

また、気候変動や地球温暖化の影響による異常気象で、洪水や台風、ハリケーン、地滑りなどの自然災害が大規模化し、その数も増えています。自然災害はハマダラカの生息密度を上げるファクターとなり、マラリアの流行が起こりやすくなる可能性も指摘されています。

地球温暖化の一方で、干ばつや砂漠化などが深刻な被害を出している地域では、農作物は育たず、人々は生活が可能な場所へ集団移住していくことになります。また、戦争や紛争を逃れた難民の移動・流入もあります。

多くの人々の移動や流入は、急速な都市化と人口の過密化を促します。そして、脆弱なインフラ設備しかない居住区で、人々が密集して生活することになります。

居住区は衛生状態も悪く、スラム化に繋がっていきます。急に拡張された地域ではハマダラカの生息密度が上がり、マラリア流行が起こりやすくなります。これらは都市型マラリアとして、すでにアフリカで大きな問題となっています。

また、マラリア免疫を持たない人が流行地に移住して新たな感染者となる事態や逆に感染した人が赤血球の中にマラリア原虫を保持して非流行地に移動して、新たな流行を起こすことにもなります。

安全性、有効性の高いマラリアワクチン（特に熱帯熱マラリアに効果のあるワクチンが必要です）の開発、実用化、広い地域への普及が望まれますが、それらの見通しもまだ立ちません。

地球温暖化、地球人口の激増、紛争・難民問題や貧富の格差等、解決困難な多くの問題を背負い、治療薬に耐性があるマラリア原虫の報告も続く中で、マラリアの猖獗（しょうけつ）は止まらず、年間数十万人が犠牲となっているのです。

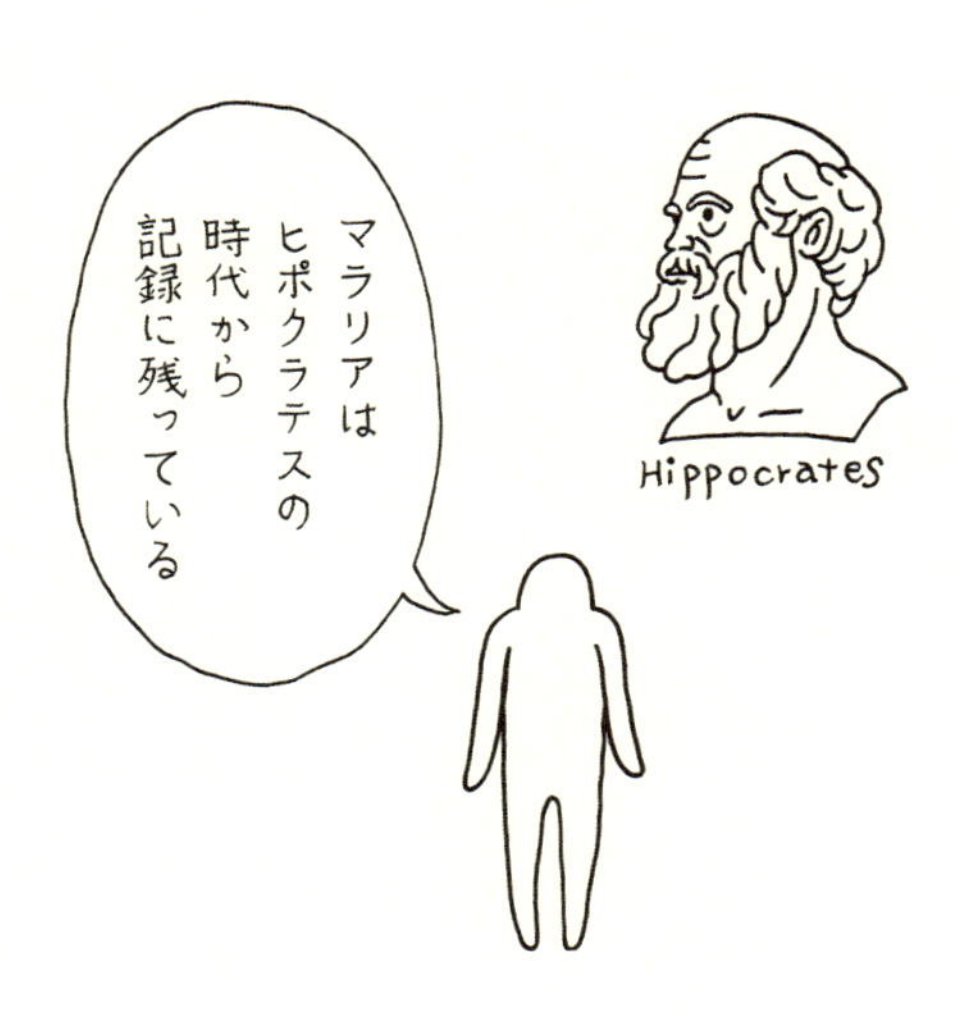
マラリアは
ヒポクラテスの
時代から
記録に残っている
Hippocrates

梅毒――若い世代に激増する性感染症

日本国内で再流行

現在、日本において「梅毒」という性感染症が急増しています。

梅毒は、梅毒トレポネーマという細菌の感染によって引き起こされます。過去には性風俗に深く関わっていたことから「花柳病」とも呼ばれ、〝感染すると廃人になる〟とされた怖い感染症です。

他人の皮膚や粘膜と直接接触することで感染する梅毒は、抗生物質の開発により、「不治の病」から「適切な治療を受ければ治る病気」となり、〝昔の病気〟と考えている人も多いようです。

しかし、現在の日本では、梅毒感染者の急増と感染の発見や治療の遅れ等からの感染が深刻であり、まさに〝今、注意喚起を必要とする感染症〟となっているのです。若い世代に身近な感染症と理解してください。

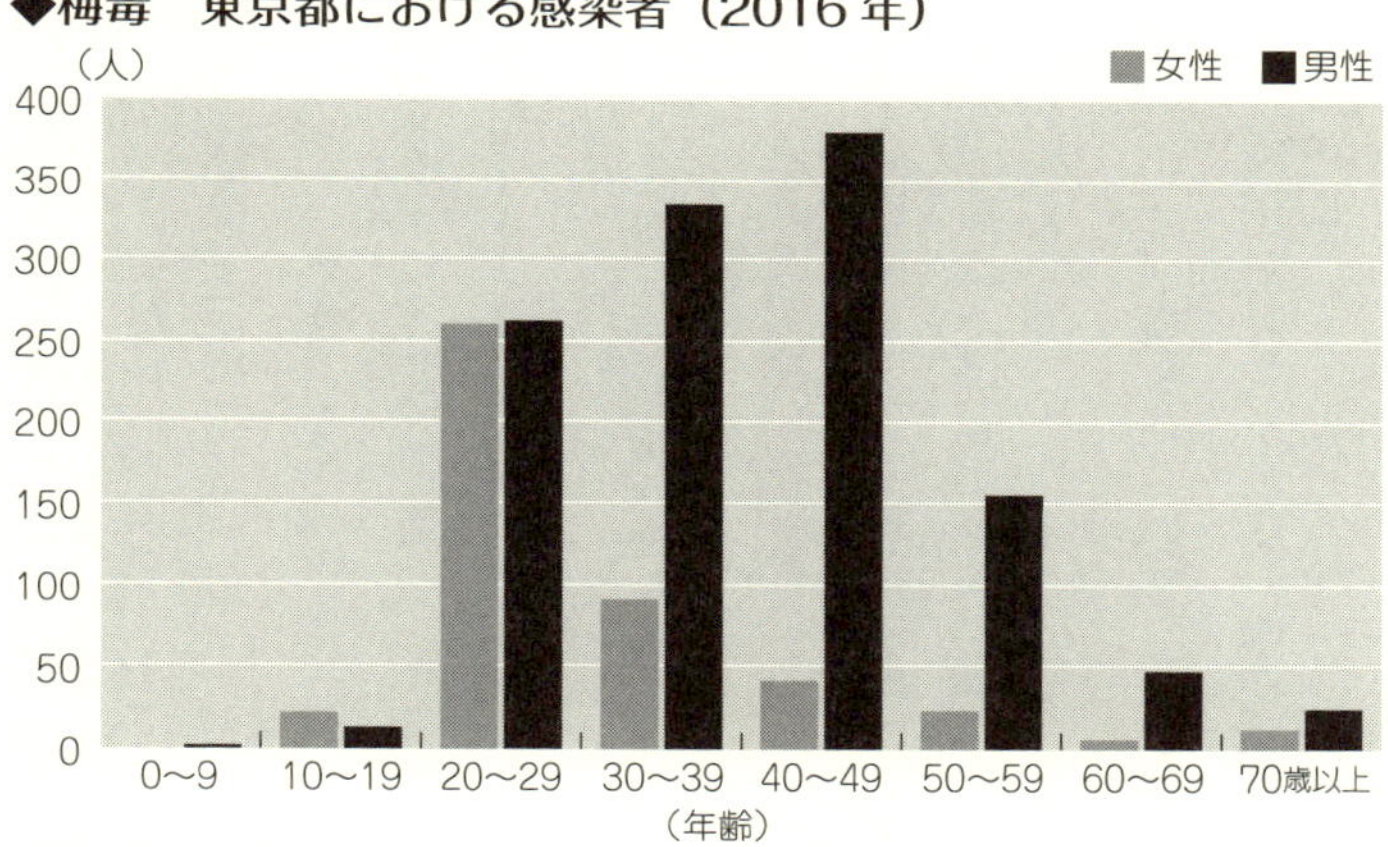

出典：東京都感染症情報センターHP（http://idsc.tokyo-eiken.go.jp/diseases/syphilis/syphilis/）

さらに、これまでは同性間での男性の感染が多かったのですが、最近は異性間の性行為による男性及び二十代の女性に感染者が急増しています。二〇一六年、日本の梅毒感染者の報告数は四五一八人に上り、実に昭和四十九年以来、四十二年ぶりに四〇〇〇人を超えました。

感染者の七六パーセントは十五～三十五歳の女性で、二十代前半の感染者が突出しています。二〇一〇年以降の五年間で感染者の総数は四倍、女性の梅毒感染者数は五倍に激増しています。東京都だけで見ると女性の感染者数は一〇倍となっていて、もはや異常事態です。

後述しますが、梅毒は症状が多彩で無症

状の期間もあるため、「治った」と勘違いする人も多くいます。しかし、この間にも病原体の梅毒トレポネーマは体内で増え続けているため、この無症候性梅毒の感染者からも感染するのです。

このように本人も梅毒感染に気がつかないでいることもあり、知らずにパートナーに感染を拡げやすく、また、治療が遅れることで、治療の長期化・重症化に繋がる恐れもあります。

三週間・三カ月・三年で変わる

梅毒には先天性（感染者である母親から胎児に感染する）と後天性（主に性行為によって感染する）の二種類があります。後天性梅毒は一～四期に分類されています。潜伏期間は約一週間から十三週間で、できる限り早い時期から抗生物質での適切な治療開始が大切です。

第一期は、感染してから三週間から三カ月までの状態です。陰部、口唇部、口腔内などの梅毒トレポネーマが侵入した部分に赤いしこりや腫れができ、膿（うみ）を出すようになります。多くは痛みを伴わず、自然によくなってしまいます。しかし、病原菌は体内に存在し、死滅したわけではありません。第一期の症状が消えた後、梅毒トレポネーマは血液中に入り、全身に拡がります。

第二期は、感染後、三カ月から三年の状態で、トレポネーマが全身に拡がり、薔薇の花びらのような「バラしん」が全身に拡がり、イボ状の発疹が出ます。円形のピンク色のあざが顔や手足にできたりします。

この時期の皮膚の病変は梅毒に特徴的なもので、診断がつきやすい時期です。感染者の多くがここで医療機関を受診しますが、このような発疹も短期間で消えてしまいます。発疹、発熱、頭痛、倦怠感が、繰り返されます。

治療を受けなくとも症状は約一カ月で消え、そして、無症状の潜伏梅毒期に移行します。しかし、抗生物質で適切な治療を受けていない限り、体内にトレポネーマは残っています。

第三期は感染から三年から十年の状態です。固いしこりや腫れが大きくなり、皮膚や骨、筋肉などにゴムのような腫瘍（ゴム腫）が出ます。ゴム腫が鼻骨にできると崩れたり変形することもあり、昔は〝鼻が落ちる〟と言われました。病原菌が骨を侵し始めると激痛を伴います。

第四期は、十年以上を経過すると神経が侵され、全身の麻痺（まひ）や精神錯乱などが現れます。失明や、歩行などの運動障害、言語障害が出ます。さらに痴呆などの症状も現れます。現代の日本では、三期、四期の感染者は稀ですが、梅毒は治療を怠れば、このように怖ろしい慢性の感染症なのです。

先天性梅毒児の発生を防ぐために

さらに若い女性の梅毒感染は、次世代の子供たちに甚大な健康被害を与える危険性があります。妊娠中の女性の梅毒の感染は、死産や流産の原因ともなり、胎盤を通じて胎児に感染することから、生まれながらに先天性梅毒となる危険性も高いのです。

梅毒に感染している母親が未治療のままに出産、または妊娠三十四週を過ぎてから治療を開始した場合には、四〇〜七〇パーセントの高い確率で胎児が梅毒に感染してしまいます。先天性梅毒の子供は、すみやかに治療をしなければ数週間以内に重症な症状が現われ、一割以上が亡くなっています。現在、国内の梅毒感染者の増加の中でも、特に二十〜二十四歳の年齢層の女性が激増していることは、先天性梅毒の発生が心配される事態です。

なるべく早期に医療機関で検査を受け、梅毒に有効であるペニシリン系とセフェム系の抗生物質での治療を受けることが大切です。早期に診断して治療を受ければ治ります。感染してから長い期間が経過していると、治療も長期に及んでしまいます。

検査は一般病院や診療所でも受けられますし、保健所で行っているところもあります。梅毒の多くは症状がないので、検査をしなければ感染の有無はわかりません。不安があるならば、是非検査をしてください。

梅毒は何回でも感染する

梅毒はペニシリン治療の開発によって一九五五年前後に感染者数は激減し、過去の病気のように誤解を受けていますが、感染患者が潜在化して発見されにくく、治療が徹底されないことが問題を深刻化させています。抗菌剤で治る病気となったことで梅毒の怖さが忘れられ、予防に対する意識も希薄となっていることも考えられます。

梅毒という病気の名前すら知らない女子高校生が、梅毒に特徴的な赤い発疹で皮膚科を受診して梅毒と診断され、本人は病気をよく理解できず、一方で付き添った母親が大きなショックを受けるということもありました。

性感染症全体の報告数は男性では、二十代、三十代、四十代が多く、女性では二十代が圧倒的です。性感染症の予防には、パートナーを特定して、不特定多数との交渉を避けることが肝心ですが、近年のＳＮＳやＬｉｎｅなどＷｅｂによる交流の活発化が性感染症の感染拡大の背景にあると指摘されています。これは、梅毒の急増にも当てはまります。

梅毒トレポネーマは感染者の性器などに多く存在し、直接接触した粘膜や皮膚の小さな傷などから体内に侵入します。梅毒の一期二期は特に感染力が強く、感染者との性行為等の接触は避けなければなりません。梅毒の一回の性的な接触での感染する割合は一五～三〇パーセントと、ＨＩＶ（ヒト免疫不全ウイルス）など他の性感染症と比較しても非常に高いのです。

コンドームを適切に使うことで感染を減らすことができますが、完全ではありません。経口避妊薬の普及もあり、若い世代では性感染予防にもなるコンドームの使用率が低下していることも、感染の増加に関わっていると思われます。

また、オーラルセックスでは喉の咽頭部に感染します。アナルセックスでは、直腸に感染します。口に梅毒の病変があれば、キスでも感染します。感染者とのコップや箸などの使い回しは避けます。

また、梅毒に感染して治っても、再感染を起こします。「梅毒に一度罹って免疫ができたから大丈夫」などという認識は、大きな間違いです。自分が治療して梅毒を治しても、パートナーが未治療であれば、また感染するのです。

梅毒によって潰瘍ができていると、HIVなどの性感染症に感染しやすくなるとされ、感染率も二〜五倍に上昇します。米国では、梅毒に感染している人々の多い集団では、HIV感染者数も増加率が大きくなっています。また梅毒とHIV感染の合併症は重症化することも報告されています。

また、四十歳以下の若い医師のほとんどは梅毒の患者を診た経験が無いことから、教科書的な知識では梅毒の診断がつかないとの指摘もあります。現在の日本では、特別な職業の女性でない、普通の若い女性の梅毒感染が増えています。実は、報告数は氷山の一角であろうと思われます。自分でも気付かずに感染している人が大勢いるはずです。梅毒について、パートナーと真摯（しんし）に考えておくことが必要と思われます。

Part Ⅱ

世界史を変えた感染症

ペスト――ヨーロッパ中世の黒死病

グリム童話とペスト

中世ヨーロッパにおいて、ペストの大流行は「黒死病」と恐れられました。グリム童話で知られるグリム兄弟は、人々から聞き取った話を「ドイツ伝説集」としてまとめていますが、この中に収められている「ハーメルンの笛吹き男」は、ペストに関連していると指摘されています。

不思議な笛の音色でネズミを誘(おび)き寄せて退治するという、奇妙な〝笛吹き男〟がドイツ・ハーメルンの町にやってきました。ネズミの害にほとほと苦労していた町の人々は、この男にネズミの駆除を依頼します。

男が笛を吹くと、家々から飛び出して道に出てきた夥しい数のネズミは一列に行進して男の後を付いていき、男がひょいと小川を飛び越えるとネズミたちは水に飛び込んで溺死してしまいました。このように、男は簡単にネズミを駆除したのでした。

これに対して、ハーメルンの町の人々は約束の報酬を拒んだため、男は怒って町を出て行き、やがて舞い戻って来ます。そして、再び怖ろしい笛の音を奏でました。すると今度は、子供たちが家々から次々と出てきて一列に行進を始め、男の後について行って、二度と町に帰ることはなかったのです。

伝説となった子供たちの失踪事件は実話です。一二八四年にハーメルンの町で一三〇人の子供たちが行方不明となった記録があり、それは今もハーメルンの市庁舎に残されています。

ですから、町の人々にとって、ハーメルンの笛吹き男の話は決して単なる昔話ではないのです。現在でも、笛の音で子供たちが出て行ったとされる路地は「音曲とりやめ小路」とされて、花嫁の行列でさえ音楽を止める決まりとなっています。ほぼ同じ時代に起こった黒死病による子供の大量死とペスト菌を運ぶネズミとの符合から、この伝説はペストと関連づけられて語られるのです。

史上最初のペストの流行

明らかなペストの流行と史上最初に確認されたのは、五四〇年頃に起こった「ユスティニアヌスの疫病」です。この悪疫はペルジウム（エジプト）に発し、すぐさま当時の政治文化の中心であったビザンチウム（コンスタンティノープル）に拡がり、数カ月にわたって流行を起こしました。

ビザンチウムでは死者が一日に五〇〇〇～一万人に達した時期もあります。この惨状のため、埋葬しきれなくなった死者は、街を取り囲む城壁の塔の屋根をずらして、その中に投げ込まれました。そして、詰め込めるだけ詰め込むと再び屋根を戻したのです。

さらにペスト菌は、ビザンチウムからヨーロッパに侵入。以降六十年あまりもの間、ローマ帝国に蔓延し続けました。ちょうどこのとき、東ローマ皇帝ユスティニアヌス一世がローマ帝国再生に力を注いでいました。皇帝ユスティニアヌス一世の栄光に終わりを告げたのは、この「ユスティニアヌスのペスト」の猖獗であったのです。

中世を終わらせた病

感染症で時代を区分したとき、先のユスティニアヌスの疫病から次なる黒死病の流行までの時代が、中世とされます。黒死病は、一三四八年から一三五三年までの六年間に及ぶヨーロッパを中心としたペストの大流行を示します。この黒死病の蔓延で、中世という時代に幕が降りたのです。

一三四八年、花の都フィレンツェは、屍の都と化していました。路地を一本、通り過ぎる間にも腐臭を放つ遺体に出くわし、家の戸口や窓の下には家屋から放り出された者なのか、路上で息絶えた者なのか死骸が転がっていたのです。東方からやってきたペストは、三人に一人を死に至らしめました。早ければ一日から二日、長くとも数日のうちに、それまで元気であった人が、まるで稲妻に打たれたように突然に死んでいったのです。

当時のヨーロッパの人口は一億人程度であったとされますが、黒死病の大流行で二五〇〇万とも三〇〇〇万人とも言われる死者を出したのでした。高致死率で劇症型の急性感染症ペストの猖獗は、同時期に莫大な死者をもたらします。

『デカメロン』の著者でフィレンツェの住人であったボッカッチョ（一三一三～一三七五）が、この黒死病に遭遇したのは三十五歳のとき。彼は黒死病の体験を二年後から執筆を始めた『デカメロン』に次のように書き残しています。

「夥しい数の死体が、どの寺にも、日日、刻刻、競争のように搬び込まれましたものですから、殊に昔からの習慣に従ってそれぞれ別別の安息所に納まろうなどとは思いも寄らずとも、墓地だけでは埋葬しきれなくなりまして、どこも墓場が満員になると、非常に大きな壕を掘って、その中に何百と新しく到着した死体を入れ、船の貨物のように幾段にも積み重ねて、一段ごとに僅かな土をその上からかぶせましたが、仕舞には壕も一ぱいに詰まってしまいました」

（『デカメロン』野上素一訳　岩波文庫）

ペストの感染を恐れて、田舎の領地に逃げ出した一〇人の男女が、ひとり一話ずつ、十日をかけて語るデカメロンの一〇一篇の話には、中世のペスト大流行の渦中の人々の生活が忠実に描写されています。黒死病を知る屈指の文献とも言えるのです。

ペストの正体

病原体はペスト菌で、ペストは急性の細菌感染症です。ペスト菌はノミの腸管を棲みかとして自然界に棲息し、そのノミはネズミやネコ、イヌなどのさまざまな動物に寄生しています。寄生され、ペスト菌を持ったノミに吸血された動物がペストに感染するのです。

ペスト菌を腸管内で増殖させるノミはさまざまにいるのですが、特にネズミに寄生するケオプスネズミノミはペスト菌を媒介しやすく、さらにクマネズミは建物内に棲み、人の生活環境内に侵入して走り回っては、ノミをまき散らして行きます。こうして、落下したノミは居住する人間に飛び移って吸血することになるのです。

ペスト菌とノミを効率よく人に運ぶクマネズミは、そもそもはヨーロッパにはいなかったのですが、十字軍遠征以降にアジアから侵入してきたとされます。さらにこの時期、東からはモンゴルの大軍が西進してきており、一説にはクマネズミを連れてきたのはモンゴル軍であったとも言われます。

ノミが吸血する際に逆流して皮下にペスト菌が侵入すると、一週間以内に高熱、激しい頭痛、めまい、さらに随意筋麻痺、極度の虚脱と精神錯乱を起こします。リンパ節のある脇の下や足の付け根が腫れ、ボッカッチョはこれをリンゴから卵ぐらいの大きさとしています。

この特徴から、ペストは瘤(こぶ)の病気とも言われました。やがて皮膚に黒色、青紫色、黒紫色などの大きな斑点が現われます。これはペスト菌の敗血症によるもので、もはや末期症状です。このように黒っぽい斑点が出て死ぬことから、黒死病という名前が付いたのでした。これが、黒死病の初期で流行した腺ペストです。この腺ペストの当時の致死率は五割とも七割ともされました。

しかし、中世の黒死病の悲劇は、血液に入ったペスト菌が肺に運ばれてそこで増殖し、血痰や激しい咳を伴う肺ペストを起こしたことです。肺ペストに罹患（りかん）するとほとんどの人が三日以内に死亡しました。

さらに、肺ペストとなるとノミを介さずに、ペスト菌で肺炎となった患者の咳やくしゃみで人から人へ空気感染して伝播するので感染効率は飛躍的に上がります。こうして、ペストの流行に拍車がかかったのです。

一三四八年以降、ペストがヨーロッパの深部に本格的に侵入したとき、この肺ペストを中心に大流行を起こしたのでした。

黒死病の流行する街

医師で占星術師でもあったシモン・ド・コヴィノは、黒死病の惨状を以下のよう

◆ペスト医

イラスト：オカダマキ

に残しています。「ペストが家に入り込むと、ほとんど一人の住人もそれを逃れられない。伝染は、一人の住人が誰にでも毒を盛るようなものである」。

強い伝播力、高い致死率、かろうじて生き残ったとしても、看病する人間もたおれていることから、結局は衰弱死したのです。あたり一面には死臭が漂い、感染を恐れて家に籠った人々は、その消息を腐臭によって近隣の住民に知らせたのでした。

このようなとき、宗教界であっても俗界であっても、守られるべきモラルは地に落ち、人々は自暴自棄となります。やがて、死は身近に訪れる〝ありきたりのもの〟となって、葬儀も埋葬も行われなくなり、死体は危険な物として家から引きずり出されて置き去りにされました。あるいは、大きな穴に無造作に投げ込まれ、一方では川に流されたのです。

ペストと宗教改革

農村の人口密度は街よりは低いのですが、一方で閉鎖的な社会であったためにペスト菌が侵入すると、村が全滅することも免(まぬが)れないほどでした。黒死病の後、古い村の名前が地図から次々と消え、多くの村々が廃村となっています。

当たり前のことですが、いかなる宗教儀式も祈りもペストの流行や重症化を止めることはできません。さらに、多くの聖職者が感染を恐れて逃げ出した教会の中で、置いてけぼりにされた人々にキリスト教に対する不信感が湧き上がってくるのは当然のことでした。黒死病の惨禍の後、中世社会で大きな権威を持ち、人々を支配していた教会の力が一気に失墜していきます。ペストの大流行は、宗教改革の大きな布石となったのです。

このような限界状態に置かれたとき、人災がその悲劇をさらに大きくします。黒死病が東方からやってきたことは、ボッカッチョが書いているように周知のことでした。キリスト教国にはない疫病が東方の異国からやってきた、これはキリスト教徒の敵、異教徒の企みに違いない。

こうしてユダヤ人によって毒が撒かれたのだという噂が、根拠のある事実のように拡散していきます。何かあるとユダヤ人がスケープゴートとされ、迫害が起こるのは、ヨーロッパではお定まりのコースとも言えます。

ユダヤ人は拷問による自白を強いられて、毒を投げ込んだとされた井戸に投げ込まれて処刑されました。さらに多くのユダヤの人々は、土地の所有権も財産も奪われて、ユダヤ人居住区のゲットーに押し寄せたのです。

ユダヤ人は以前から差別と迫害の対象とされていたために、一定の地域に押し込められるようにして生活していました。暴徒化した人々は、そのユダヤ人を取り囲んで焼き殺すという手段に出たのです。ユダヤ人の穴と呼ばれた共同墓穴に半裸にして投げ込み、老人も女子供も一緒に焼殺されました。

黒死病期のユダヤ人の集団殺戮(さつりく)は、フランス、スイス、ドイツなど広域に及び、夥しい人々が殺され、中世最大の惨事となっています。中には流行の始まる前に殺戮が始まった地域すらあったのです。特にドイツのライン川に沿った地域で非常に激しく、惨殺された遺体は空のワイン樽に詰め込まれてライン川に落とされ、川の浮洲に造られたユダヤ人居住区に集められた人々は結局、全員が焼き殺されたのでした。

このユダヤ人虐殺は一三四九年を中心に起こっています。多くのユダヤ人が当時、比較的ユダヤ人に寛容であった東ドイツやポーランドに移り住んで行きました。こうして命からがら東ドイツやポーランドに逃げ切ったユダヤ人の子孫の多くが、約六百年後にナチス・ドイツの強制収容所やガス室に送られることになるのです。

感染症と同じように人の狂気もまた、感染するように伝播し、集団の狂気となって人災を起こします。病原性が高く伝播力の強い感染症の大流行では、極限状態の人々が集団的狂気で悲劇的な二次被害を出してきました。ユダヤ人迫害の後、十六世紀には魔女狩りの嵐がヨーロッパに吹き荒れるのも、「歴史は繰り返す」ということなのでしょうか。十六世紀にはコロンブスが新大陸から持ち帰ったとされる梅毒がヨーロッパ中を席巻するのです。

鞭打ち行進と死の舞踏

ペストにおける大量死は、神が人間の強欲、虚栄、高慢に対する懲罰を下しているのであると考えた人々による、神の許しを請う鞭打ち苦行の行進も現われました。全裸半裸の男女が互いに体に鞭を打ちながら、村から村へ行進するのです。

鞭にはところどころに結び目ができており、釘が仕込んであります。十字架を持ち、聖歌を合唱しながら、倒れ込むまで歩き続ける集団は、時に一〇〇〇人を超え、さらに誘き寄せられるように人の数は膨れ上がっていくのです。

中世の末期は、死体にけ躓くような時代です。死は突然に確実にやってくる――ペストという怖ろしい感染症の大流行は人々にその意識を強く植え付け、深い絶望感を与えました。

教会の鐘の音が突然に鳴り出してペストの襲来を告げます。すると人々は耕作地や家から飛び出して、一斉にペスト退散の祈りの舞踏を集団発作のように繰り返しました。これは、後に「死の舞踏（ダンス・マカーブル）」として疫病退散の祭礼行事に変貌していきます。

この時期、屍や骸骨が絵画や木版画に多く登場します。骸骨（死神）は、全ての人間を連れていくという平等な死が描かれ、さらに現世での生の脆さと死の圧倒的な優位が表現されています。黒死病期の大量死は、「メメント・モリ（死を憶えよ、死を知れ)」という思想を植え付け、生と死が逆転した世界を生んだのでした。

また、往生集という、よりよく死ぬためのガイドブック『アルス・モリエンディ(よく死ぬための技術)』という出版物も広く普及したのです。

黒死病の後

中世のペストの流行では全世界で七〇〇〇万人、ヨーロッパでは三〇〇〇万人が犠牲となりました。フランスでは人口が元に戻るのに二世紀を要したとされますが、これは他の地域でも同様でした。

黒死病がヨーロッパ全土に拡がったとき、イギリスとフランスの百年戦争も休戦となりました。黒死病期以降の十年間で、この疫病に見舞われた都市では人口が半減しています。農村でも同様の打撃を受け、深刻な労働力不足を招いたのです。

これまで農村はごく一部の自作農とその他の多くの農奴が働き、農奴はほとんどの収穫物を領主に納めていました。黒死病の後に深刻な労働力不足が生じたとき、領主は農業労働者として農民の役割・権利を認めざるを得なくなりました。

小作制が採用され、やがて農業労働が賃金として支払われるようになります。これは事実上の農奴制度の崩壊であり、荘園制度の瓦解と封建制の没落を意味します。イギリスでは労働者問題の法律が施行され、一三四九年に「労働者規制法」、一三五一年に「労働者勅令」が立法されています。

農業労働者の減少により、耕作に人手のかからないブドウ栽培が拡がり、作業効率のよい牧畜がさらに拡がることになります。ブドウ栽培はワイン生産の増大につながり、牧畜は羊毛生産、羊毛製品の生産につながりました。イングランドの羊毛製品は産業革命を経て伝統的な産業に繋がっていきます。黒死病の流行は、農業地図までも変えていったのです。

現在、ペストの発生はアジア、アフリカ、アメリカなどの広い地域で起こっています。抗生物質で治療できるようになった今でも、年間二〇〇〇人の患者が出ています。現在、ペストに使用可能なワクチンはありません。

コレラ――パンデミックを繰り返す

途上国での感染例が多数

コレラは、感染者の便で汚染された水や食物を口から摂ることによって感染します。病原体はビブリオ・コレラという細菌であり、コンマ型の桿菌(かんきん)で鞭毛(べんもう)を使って活発に動きます。

感染者は一日前後の潜伏期間をおいて、突然に急性の下痢を起こし、速やかに適切な治療しなければ数時間で死に至ることもある怖い感染症です。

コレラには経口コレラワクチンがあります。感染防御に有効ではありますが、二回接種してもその効果は数カ月程度のため、コレラ対策の追加の手段に留まっています。もっと有効性が長期間続き、さらに効果の高いワクチンの開発が望まれている状況です。

今なお、アジアや中近東、中南米などの地域を中心に世界の各地でコレラの発生・

流行があります。流行地では夏季に患者の発生が多く、水の塩素消毒が行われている先進国では患者発生は少なくなります。日本も含め、先進国のコレラ患者の報告のほとんどは、海外の流行地で感染して帰国した輸入症例です。

また、途上国からの食品によって感染する事例もあります。世界では年間一四〇万～四三〇万人の患者が発生していると推定され、二万八〇〇〇～四万二〇〇〇人が死亡しているとされます。

主な症状は嘔吐と下痢

コレラの主な症状は嘔吐と下痢ですが、約八割の人は感染しても症状を出しません。これらの不顕性感染（感染しても症状の出ない感染者）の人の便の中にも、感染してから一～十日間はコレラ菌が排泄されて、他者への感染源となる可能性があります。発症した人の八割は軽症から中等度の症状ですが、残りの二割は重症の脱水を伴った急性の下痢症を発症します。コレラの致死率は二・四～三・三パーセントですが、重症患者では五〇パーセントにも上ります。

口から入ったコレラ菌は、酸に弱いために胃酸で殺菌されますが、これを逃れたコレラ菌が小腸に達すると大増殖して、コレラ毒素を産生します。そして、コレラ毒素が、腸管内への水と塩素イオンを異常に流出させて、多量の水様性の急性下痢症を起こさせるのです。

コレラは初期の普通の下痢便から始まり、後には水分だけが流出し、便の色も臭いもなくなります。このコレラに特徴的な下痢は、米のとぎ汁のような白色または灰白色の水様性便です。重症の下痢症となった場合には、頻回な排便と共に一日に一〇リットルから数十リットルの下痢を起こします。

激しい嘔吐とひっきりなしの下痢のために、激しい脱水症状と血漿中の電解質異常をきたします。電解質の異常で、手足の筋肉に痛みを伴う痙攣も起こします。

このようにコレラの症状は悲惨で、速やかに適切な治療を受けなければ数時間で死に至ることもあります。八割のコレラ患者は速やかに経口補水液を投与する治療となりますが、重症患者では点滴による輸液が必要となり適正な抗菌薬の投与も行われます。

治療を受けられずに脱水の症状が進むと、皮膚からは弾力が失われ、指先の皮膚にも皺（しわ）が寄った「洗濯女の手」と呼ばれる状態になります。目はつり上がり、頬骨と鼻が際立った顔となり、これは「コレラ様顔貌」と呼ばれます。

大流行を起こす可能性

コレラ菌は、O（オー）抗原によって二〇〇種以上があり、人の社会で広く流行を起こしてきたコレラ菌はコレラ毒素を産生するO－1血清型とO－139血清型です。日本の感染症法によるコレラの定義は、「コレラ毒素を産生するコレラ菌による感染症」です。この二種以外の血清型のコレラ菌は、軽度の下痢を起こすことはありますが、流行は起こしません。

流行を起こすコレラ菌の血清型は、主としてO－1型です。O－1型コレラ菌は、さらにアジア型とエルトール型に区別されます。アジア型は古典型とも呼ばれ、激甚な症状で十九世紀に世界的な大流行を繰り返しました。

一方、エルトール型の病原性はアジア型よりも弱く、現在、主として流行しているコレラです。アジア型とエルトール型のコレラ菌のこのような病原性の違いが何によるものか、それは未だに不明です。

一九九二年には、バングラデシュでO－139血清型のコレラ菌が確認され、現在も東南アジアに局地的に存在しています。その他、アジアやアフリカの一部の地域では変異型のコレラ菌が見つかっています。これらのコレラ菌はより重い症状を起こし、高い致死率を示すと示唆されています。今後、更に広がっていくようなことがあれば、怖ろしい健康被害を引き起こす可能性があります。

コレラ・パンデミック

コレラはインドのガンジス川デルタが発祥で、そもそもベンガル地方を中心に流行を起こしていた風土病です。おそらく数世紀前からこの地方に存在していたと考えられます。そのため、十九世紀にパンデミックを繰り返したコレラは「アジア型コレラ」と呼ばれました。

コレラはサンスクリット語で「ビスシカ」、ヒンドゥー語では「モルデシム」と呼ばれ、「死に至る腸の病」という意味です。ベンガル地方では古来より多くの犠牲者を出しながら、十八世紀までインドの国外で流行を起こすことはありませんでした。

十八世紀末、イギリスのインド支配が始まると状況は一変します。コレラのパンドラの箱を開けたのは、インドに進駐したイギリス軍でした。まず、イギリス兵士数千人がコレラ菌の毒牙にかかって死亡。ベンガル地方から出たコレラ菌は各地で流行を起こしながら、その後、コレラ・パンデミック（世界的流行）を何度も引き起こすことになります。最初のパンデミックは一八一七年で、それ以降、はっきりとしたコレラ・パンデミックは六回記録されています。

第一次流行は、一八一七～一八二三年で、一八一七年にベンガル地方を飛び出したコレラは、カルカッタに到達、インド全土で大流行を起こしました。貿易の拡大やイギリス軍の移動にともなって拡大を続け、ネパール、タイ、フィリピン、中国へも到達。万里の長城を遡って、ロシア領にも侵入。

一方、アラビア半島のオマーンへも向かい、バーレーン諸島からペルシャ湾岸にとりつき、中東、アフリカ諸国でも大流行。この余波が一八二二年、日本にも及んでいます。これが、日本における初めてのコレラ流行です。この後、コレラ・パンデミックはさらに本格化します。

第二次流行は、一八二六～一八三七年で、コレラは一八二六年にまたもや盛り返して、本格的な世界流行を起こします。このように、コレラの流行がなぜ突然に始まり、どうして終息するのかについては、まだ多くの不明点が残っています。

コレラ菌はガンジス川を遡り、パンジャブ、アラビアに侵入。メッカ巡礼に集っていたイスラム教徒一万二〇〇〇人が犠牲となりました。エジプトでは、カイロ、テーベ、アレクサンドリアの都市に入り込み、エジプトでの死者は一日に三万人を超える惨状となっています。そして、チュニジアに及び、南下してザンジハルに到達しました。

一方、ペルシャからロシアのウズベクに入ったコレラは、シルクロードの隊商と共にオーレンブルクへ入り、防疫線を突破してついに一八三〇年、モスクワに到達。さらにモスクワからペテルブルクを経て、フィンランド、ポーランドへ侵入しました。これまで多くのヨーロッパの人々は、コレラはインドの風土病で、文明国のヨーロッパで流行することはないと高をくくっていましたが、そんな状況ではなくなったのです。

一八三一年、コレラはオーストリアへ侵入し、ウィーンで流行を起こしました。同年、ドイツのベルリン、ハンブルクでも人命を奪い、ハンブルクの港から軍艦によって運ばれ、イギリスの東海岸にもコレラ患者が発生、一八三二年にはロンドンで流行が起こります。同年、パリにも侵入し、フランス全土で流行を起こしました。このとき、フランスでの犠牲者数は九万人と推計されています。

一八三二年春、パリでコレラの流行が始まり、死亡者数が一万人を超えました。この怖ろしい疫病への恐怖や不安は、やがて、政府への不満として爆発します。暴徒化したパリ市民が暴動を起こし、フランスの政治は混乱を極め、その後、共和制へと移行していくのでした。

同時期、コレラは、オランダ、ベルギー、ノルウェーの主要都市のほとんどで流行を起こし、船舶で大西洋を渡ります。カナダのケベックに上陸すると、内陸を横断して、ニューヨーク、フィラデルフィアに侵入。さらにロッキー山脈を越えて、メキシコやキューバで流行し、中米のニカラグア、グアテマラまで到達して流行を起こしました。

第三次流行は一八四〇〜一八六〇年で、ヨーロッパでの死亡率が高く、フランスだけでも一四万人が犠牲となっています。イタリア、イギリスでも二万人が死亡、イギリス・ロンドンでも大流行となりました。

このとき、ロンドンで、麻酔科医ジョン・スノウがコレラの原因は飲料とする水の汚染であることを疫学によって突き止めました。このときの流行は、日本でも安政コレラの大流行となっています。

第四次流行は一八六三〜一八七九年。第五次流行は一八八一年から一八九六年で、一八八三年に感染爆発しているエジプトに派遣されたロベルト・コッホ（一八四三〜一九一〇）が現地でコレラ菌を見出し、翌年ベルリンでコレラ菌発見の快挙を報告しています。

こうして、病原体が発見されたことで、コレラの防疫は合理的な対策を打てるようになっていきます。一八九三年には、チャイコフスキーがペテルブルクで交響曲「悲愴」の初演を終えた後、コレラで命を落としました。第六次流行は一八九九年から一九二六年となっています。

以上の大流行で、世界の人口の密集した都市のほとんど全てがコレラに飲み込まれたのです。十九世紀のインド・ガンジス川河口域を起源とした、六回のコレラ・パンデミックは全世界で数百万人を殺戮しました。

水道整備と塩素消毒

コレラ患者の下痢便には莫大なコレラ菌が含まれており、それが周囲の人々への感染源となります。大流行を起こした十九世紀はまだ上下水道が未整備で、上水の塩素消毒が行われておらず、下水処理の発想も設備もありませんでした。

家から排泄物や汚水が直接川に流し込まれ、その川の水を上水に使うことも、排泄物や汚水だめが地下水を汚染し、その井戸水をくみ上げて使うことも日常生活であったのです。

劣悪な衛生環境を背景に、人口の密集した都市にコレラ菌が侵入し、患者が排泄したコレラ菌が効率よく水で媒介されたことで、爆発的な流行を起こしたのです。

コレラ菌は、人の移動や交流の少なかった時代には、インドで地域限定的に発生する風土病に留まっていました。しかし、イギリス軍のインド進出を契機に一躍、世界の都市の全てを巻き込む国際伝染病に変貌を遂げました。人の流入流出によって、風土病が広域で流行する疫病へと変化した典型的な例が、コレラ・パンデミックなのです。

コレラを取り巻く状況

一九六一年のインドネシアのセレベス島から始まったコレラ菌O－1型エルトール

◆コレラのリスクのある国および地域（2010～2014年）

■コレラの患者発生が報告されている国および地域（2014年）
■コレラの患者発生が報告されている国および地域（2010～2013年）

出典：厚生労働省検疫所HP（http://www.forth.go.jp/useful/infectious/name/name05.html）

型による流行は今も続き、第七回目の世界的流行となっています。二〇一三年には世界四七カ国から患者一三万人の発生と、そのうち約二〇〇〇人の死亡がWHOに報告されていますが、これは現実より遥かに少ない数字と考えられます。

貿易や観光など業界への影響を危惧して、コレラの調査に消極的であることや監視システムが未整備の国々も多くあるのです。世界的には、難民キャンプなどでの流行や都市周辺のスラム街での発生など、衛生環境が劣悪で安全な水の確保のできない場所でコレラの感染リスクが高くなっています。

さらに災害時には、コレラ菌の持ち込み

やもともと常在する地域であった場合には、大勢の人々の集まる避難施設でコレラ流行による健康被害が発生しています。

また、コレラ菌は人体の外にも、淡水や汽水、入江の水の中で細菌性生物として棲息しています。しばしば藻類の異常発生とも関係し、動物性プランクトン、甲殻類、水生植物の生息地でよく検出されます。地球温暖化による海水温の上昇で、さまざまな細菌の増殖に都合のよい環境となることが最近の研究から示されています。

コレラ菌は特に沿岸域での水温上昇により、流行が起こりやすくなる可能性が指摘されており、今後も問題となる怖ろしい感染症です。

黄熱病——アフリカで大流行

ルアンダから流行

リオ五輪が開催されていた二〇一六年夏、アフリカで、蚊が媒介する感染症の黄熱病（黄熱）が大問題となりました。これらの国ではＷＨＯの協力の下、黄熱病の危機的状況に国を挙げて大規模な緊急ワクチン接種を開始したのです。

黄熱病と言えば、野口英世博士を思い出す人も多いかと思います。日本では、第二次世界大戦以降、海外の黄熱病発生・流行国で感染して帰国した輸入例も日本で感染した例も報告されていません。ですから、日本人はあまり危機感を持っていない感染症です。

野口英世
（一八七六〜一九二八）

しかし、この黄熱病が二〇一五年十二月下旬から、アフリカ南西部のアンゴラ共和国の首都ルアンダで突然に流行が始まり、二〇一六年八月には、アンゴラとコンゴ民主共和国において過去三十年間で最大規模となりました。

中国・北京では、ルアンダに仕事で滞在していた中国人男性が二〇一六年三月に帰国。発症して黄熱病と確認され、アジア初の黄熱病の輸入症例となり、公衆衛生の専門家らに衝撃を与えたのです。

アンゴラ、コンゴの両国で、感染が確認された人や疑いのある人は七〇〇〇人を超え、すでに五〇〇人以上が死亡。感染の拡大を抑えるため、約八〇〇〇カ所で一四〇〇万人を対象とする黄熱ワクチンの緊急接種が行われたのです。

黄熱ウイルスは感染者を吸血した蚊が人を刺して感染させるので、ボウフラが羽化し蚊が活発化する雨季に入る九月の前に、何としてもワクチン接種で感染拡大を抑止しようとしたのです。

予防ワクチンとイエローカード

黄熱病は怖ろしい感染症ですが、有効な予防ワクチンがあることが救いです。日本でも接種可能であり、黄熱の予防接種証明書はイエローカードと呼ばれています。これを携帯していないと入国できない国もあります。

黄熱病はジカウイルスやデングウイルス、日本脳炎ウイルスと近縁の黄熱ウイルスを持った蚊に人が吸血されることで感染します。ネッタイシマカなどのヤブカ族が媒介しますが、日本にいるヒトスジシマカが媒介するか否かはわかっていません。

感染しても症状が出ない場合や発熱や悪寒などに止まる軽症例もありますが、症状を出した患者の一五パーセントが黄疸や出血のために重症となり、そのうち二〇〜五〇パーセントが死に至ります。黄熱ウイルスに特異的に効く薬はなく、症状に対する対症療法しかありません。いったん発症してしまえば、重症化して死亡する危険性の高い感染症です。

実はこの黄熱病では、二十世紀初頭、蚊媒介説を証明するために世にも怖ろしい人体感染実験が行われたのでした。重症の黄熱病患者の血を吸った蚊を被験者に吸血させた人体実験は、当然のごとく死亡者も出ました。

黄疸と黒い血

黄熱（イエローフィーバー）の名は、重症の患者に肝臓や腎臓に障害が出て黄疸を起こす外見から来ています。

一方で、黒土病との別名もあります。感染者の肌や白目が黄色を帯びると、次には血液に由来した黒い吐しゃ物を吐き、多くの人が死んでいきました。スペイン語でのボミット・ネグロ（vomito negro）という呼び名は、黒い血を吐く症状を表します。

古くには黄熱ウイルスは、アフリカや南米の熱帯雨林のサルと蚊の間でひっそりと棲息していたと考えられます。そのジャングル・森林に立ち入った人がウイルスを持った蚊（黄熱蚊）に刺されると、人間も感染するようになります。

感染した人が集落に帰って黄熱病を発症、その血液を吸血した蚊によって周囲の人々に黄熱病が発生することになります。そして、次第に人の生活圏で流行が起こり、人と蚊の間で黄熱ウイルスが維持されるようになりました。

時代が移り、ヨーロッパ諸国が広く世界各地に植民地の獲得に進出するようになると、黄熱病がアフリカから拡散、新天地で流行しました。多くの兵士や船乗りたちが感染、媒介蚊と共に海を渡る事態が生まれたのです。船倉の底には蚊が飛び、飲料水にはボウフラがわき、荷物には卵が付着していました。

さらにアフリカから多くの人々が奴隷船で運ばれるようになると、体内に黄熱ウイルスを持った感染者と夥しい媒介蚊が一緒に大西洋を越えたのでした。こうして、新天地で蚊と黄熱ウイルスが土着するようになると人の中で流行が始まり、蔓延して莫大な犠牲者が出ました。

しかし、気温が低下し霜が降りるようになると、ピタリと患者の発生が止まるのでした。黄熱病がどのようにして他者にうつるのかが不明であった当時、これはミステリーだったのです。

人体感染実験

この頃、黄熱病の原因には諸説がありました。感染者の衣服や持ち物、病臥していたときの寝具、果ては病人の居る家屋も危険だとして、硫黄で燻蒸（くんじょう）されたり、破壊・焼き払われたりしました。

これが一九〇〇年時点での黄熱病の医学であり科学の全てでした。そんな中、ハバナの医師カルロス・フィンレー（一八三三〜一九一五）は〝黄熱病は蚊によって起こる〟と自説を訴え、変人の烙印を押されていたのです。

一九〇〇年、キューバのハバナでは黄熱病が大流行、数千人の米兵が死亡、軍は壊滅的な打撃を受けます。この頃、マラリアが蚊によって媒介される事実が知られるようになり、キューバに派遣されたイギリス人医師二名も〝黄熱病の蚊媒介説〟を唱えました。

ここに黄熱の原因の解明とその予防対策の確立の特命を受けて、ウォルター・リード大尉（軍医）がハバナに派遣されました。リードはさっそく変人フィンレーに面会し、蚊の黒い卵を譲り受け、後に〝黄熱蚊に刺されて死亡する運命〟が待っている部下ジェス・ラジール（軍医）に孵化させるように指示。リードはフィンレーの蚊媒介説を実験しようと考えたのです。

黄熱病は動物ではなかなか発症しないので動物実験はできず、人での感染実験を行うことになります。発症してしまえば重症化しやすく、重症化すれば半分近くが死に至る、殺人的な黄熱病の感染実験に志願したのは、蚊の卵を孵化させたジェス・ラジールとジェームス・キャロル（軍医介補）でした。

まず、ラジールは軍で七名の有志を募り、高熱にうなされている患者らに雌の蚊をあてがって、十分に血を吸った蚊をガラス瓶に集めました。リードは予め、ラジールとキャロルのふたりに〝マラリアの経験では患者の血を吸った蚊が他の人に感染させる危険を持つまでに二〜三週間もかかる〟ことを指摘し、黄熱の感染実験も同様の期間を待って実行するように説明しました。

しかし、ラジールはそれを待ちきれず、他の兵士と共に、患者の血液を吸った蚊に刺されてみましたが、誰ひとりとして発症しませんでした。吸血から感染実験までの期間が足りなかったためと考えられます。

がっかりしたラジールに、今度はキャロルが自分の腕を差し出しました。重症患者二名を含んだ複数の患者を吸血した、選りすぐりの危険な蚊を周到に準備して、再び感染実験に挑みました。するとキャロルは倦怠感から高熱を出して、典型的な黄熱病を発症、瀕死の重症となり、ようやくに生還したのでした。

そして、キャロルと同じ蚊を含む四匹の蚊に刺された兵士も黄熱病を発症、重篤となりましたが、幸いにも快方に向かったのです。この実験で、蚊に刺されることで黄熱病に罹ることは、ほぼ間違いないと考えられました。

しかし、この人体実験では、キャロルともう一人の兵士も黄熱蚊に刺される実験前に、黄熱病の発生している危険地帯で生活していたことから、他の黄熱病の因子に曝されていた可能性が残っていました。ですから〝完全な実験〟とは言えなかったのです。

このため、ラジールは再度実験を試みようと考えました。そして黄熱病棟に出向いて、手持ちの蚊に患者の血液を吸わせたのです。

そのとき、病室内にいた一匹の蚊が飛んできて、ラジールの手の甲にとまりました。しかし、彼はそれを見ながらも追い払わずに、吸血させたのでした。この蚊は黄熱患者が次々と死んでいる病棟からさ迷い出てきた蚊で、黄熱病の患者の血を吸っていたのです。その後、ラジールは、全身の倦怠感を覚え、悪寒に震えて高熱を出し、三日目には黄疸症状が現われて致命的な黄熱症状となり、死亡したのでした。

リードはラジールの死亡とこれまでの結果を踏まえて、黄熱病の蚊の感染実験を完全なものとし、今後の対策を構築する意志をさらに強く固めます。リードは新たに感染実験用の小屋を建てます。

その小屋は犠牲となったラジールに敬意を表してラジール・キャンプと呼ばれました。そして「人類救済のための戦争が開始されている　誰かこれに志願する者はいないか」という告示を出して、感染実験の志願者を募ったのです。

志願してきた兵士らは、蚊に吸血される前に「準備的検疫室」で過ごし、その後に黄熱蚊をあてがわれて吸血される実験に参加しました。その結果、典型的な黄熱病の症状を呈して発症しましたが、命は取り留めました。

志願兵だけで足りなくなると、今度は黄熱病に罹ったことのないスペイン移民を金銭で雇って、感染実験が続けられました。彼らは二〇〇ドルで黄熱蚊に刺され、重症な黄熱病に罹ったのです。こうして、蚊に刺されることで八人（うち一名死亡）が黄熱病に罹ったという実験結果を得たのです。

さらに当時は、患者の衣類や寝具に触れることで黄熱病になると信じられていました。リードは、兵士を黄熱患者の衣類や寝具に触れさせて、その様子を観察します。

しかし、誰ひとりとして、衣類や寝具で黄熱を発症した者は居ませんでした。リードはより明確な答えを得るために、感染しなかった兵士の一名に黄熱の患者の血液を注射し、さらに別の一名に黄熱蚊をあてがったのです。

この二名が目を血走らせ、黄色くなって黒い血を吐き、生死をさまよい始めたことを確認して、この二名が真に黄熱の免疫を持っていなかったことを証明し、患者の衣類や寝具では感染しないことを実証したのです。

一方、衛生的で快適な部屋を用意し、清潔な衣類、寝具で過ごした人間に黄熱蚊にあてがう実験も行いました。清潔快適な部屋の住人でも黄熱蚊に吸血させると、典型的な黄熱病を発症することを確認したのです。

こうして、リードは、「黄熱病の患者の存在する（あるいはした）建物内での感染は、その建物内に黄熱病の患者を刺した蚊がいるかどうかで決まる」という結論を出したのです。

パナマ運河と黄熱病

このような危険極まりない人体感染実験で、黄熱病が患者の血液を吸った蚊に吸血されることで感染するという感染経路が実証されました。この後、黄熱病の対策は、蚊の駆除を中心に行われます。そして、それは十六世紀以来の悲願であった、太平洋と大西洋を結ぶ八〇キロメートルのパナマ運河の完成に繋がって行くのです。

当時、黄熱病とマラリアが猛威を振るい、「工事人夫が横になって寝たら必ず死ぬ」とも言われたほどの危険地帯で、徹底した蚊の駆除が実行に移されました。対策は功

◆黄熱予防接種の推奨地域

アフリカ地域（2015 WHO）

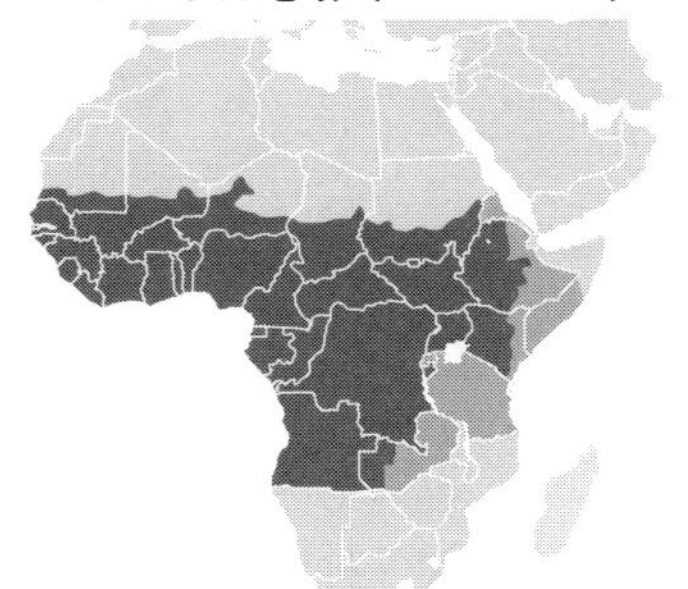

アメリカ地域（2013 WHO）

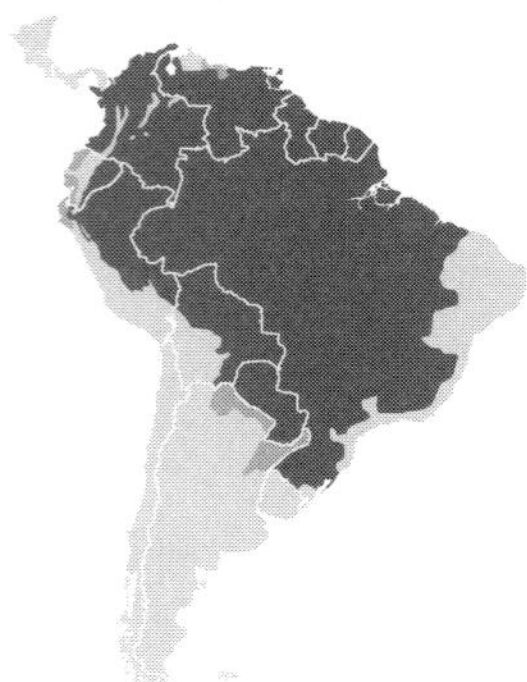

■ 推奨地域
■ 一般的には推奨しない地域
■ 推奨しない地域

出典：厚生労働省検疫所 HP（http://www.forth.go.jp/useful/yellowfever.html）

を奏し、工事人夫の感染・死亡者は激減。一九〇六年、この地域の黄熱病が駆逐されたのです。一九一四年にパナマ運河は完成——感染症対策が功を奏した偉業です。

一九三〇年代には、黄熱ワクチンが開発されました。一九四〇年代には強力な殺虫剤であるＤＤＴも開発され、媒介蚊の駆除に大量に使用されることとなりました。しかし、現在も、熱帯アフリカ、南アメリカで流行し、年間患者数二〇万人、死亡者数は三万人に上ると推計されています。

そして、アフリカ、中南米四五カ国で、九億人もの人たちが黄熱病の脅威の中で生活をしているのです。

黄熱ワクチンがあっても、資金難から積

極的に推進できない貧困国も存在します。ＷＨＯや当事国による子供たちへのワクチン接種キャンペーンも追いついていないのが現状です。

近年、熱帯雨林やジャングルが急速に開発され、野生動物の棲息エリアに人が積極的に立ち入ることから、黄熱ウイルスに人が遭遇するリスクが増しています。

一方、アジアの熱帯地域で黄熱病の流行が起こらない理由はわかっていません。黄熱病は、解明できていない謎だらけの怖い感染症なのです。

天然痘——文明を破壊した感染症

根絶された感染症

天然痘は、天然痘ウイルスの感染によって起こります。このウイルスに対する予防接種は種痘と呼ばれます。種痘の痕(あと)は私にはあるのですが、若い読者の方々の腕にはありません。これは天然痘という病気が人類によって、地球上から消えたために予防ワクチンを接種する必要がなくなったからです。

二〇一七年一月現在、地球上から根絶できた感染症は、天然痘だけです。最後の患者は、一九七七年のアフリカ東部ソマリアの男性でした。このように天然痘を根絶できたのは、感染阻止と発症阻止のできる天然痘予防ワクチンが存在していたことと、天然痘には不顕性感染がなく感染した人は全て発症する疾患であったこと、さらに人にしか感染しないことという条件が揃ったからです。

そして、天然痘ワクチンを地球上の多くの人々に接種し、ついに根絶に成功したのです。病気が存在しないのですから、ワクチンの必要はなくなり、日本でも一九七六年にワクチンは取り止めとなっています。ですから、それ以降に生まれた若い世代の人たちには種痘の痕は無いのです。

人類の一〇分の一を殺した

有史以来、人類は天然痘ウイルスと共に歩んできました。天然痘ウイルスに曝されれば感染・発症し、生き残った人々も後遺症を残す場合も多く、恐怖にさいなまれながら子孫を残し、その子孫もまた天然痘に罹ったのです。

ワクチンの普及する近代まで、天然痘と麻疹(はしか)に罹って治ったのでなければ、子供の数に数えないという慣習さえありました。

日本にある天然痘の流行の記憶を残すものは、奈良の大仏です。七三七年、朝鮮半島に派遣されていた外交使節団が帰国、朝廷に挨拶をしました。しかし、この使節団が新羅で遭遇していたのが天然痘の流行です。

感染・犠牲者も出たため、帰国した随行員は約半数になっていました。使節団が帰る頃、平城京で天然痘の大流行が始まります。この流行で、権勢を奮った藤原氏の四

◆奈良の大仏

兄弟も天然痘に感染して次々と死に、民衆にも大勢の犠牲者が出ました。この天然痘の悲劇の終結と国家の安泰を願い、聖武天皇が七四七年に建造を開始したのが、奈良の大仏です。

天然痘が一九七七年の最後の患者までに何億人の人々を殺戮してきたのか――正確にはわかりません。ですが、少なくとも人類の一〇分の一を死亡させてきたのであろうと言われています。二十世紀にはすでに種痘は存在していましたが、それでもこの世紀だけで三億人を感染死させているのです。

二十世紀には世界大戦も含めた複数の悲惨な戦争が起こりましたが、戦争による死者の総数は、一億人には満たない数であろう言われます。

天然痘の特徴

天然痘は人のみが感染する病気です。天然痘に感染すると症状は激烈で、致死率は二〇～五〇パーセントにもなります。

天然痘ウイルスは、口や鼻から侵入し、まず口や喉の粘膜で増え、次にリンパ節に侵入して増殖します。リンパ節で増えたウイルスは、今度は血管に入り血流に乗って、全身のさまざまな臓器に到達します。そして、脾臓、肝臓、肺などでまた増殖を繰り返すのです。

潜伏期は平均十二日程度。天然痘には不顕性感染がないために、ウイルスに感染すると人は必ず発症し、高熱と特徴的な発疹が現われます。肺や脾臓、肝臓に飛び火してウイルスが増殖している頃、感染者は三九～四一度の高熱を出し、頭痛、腹痛、嘔吐などの症状を出すことになります。

次にウイルスは皮膚に向かい、特徴的な発疹を出すのです。発疹は皮膚全体に拡がり、水疱性の発疹となります。盛り上がって中心部はヘソのようにへこみ、内部に満たされた液体には天然痘ウイルスが含まれます。

この液体は二週間もすると膿疱（膿が包まれる水疱）となり、同時に痘痕と呼ばれる直径一センチメートル位の発疹が出ます。これらは命が助かっても生涯残る痘痕となります。天然痘の流行の激しかった江戸時代には、天然痘は〝見目定め〟と言われましたが、それはこの醜い痘痕が残ってしまう容姿を現した言葉です。

天然痘患者は、病初期には鼻汁や咳、発疹が出てからは水疱の液体で、また発疹のかさぶた（膿が乾燥して痂皮となったもの）から周囲の人々の感染源となります。過去には天然痘の患者のかさぶたが生物兵器に使われました。感染力が強いことと、安定して、なかなか不活化しない丈夫なウイルスであるため、一度ウイルスが人の集団に入り込めば天然痘の免疫のない人はそのほとんどが感染、発病したのです。

アステカ文明を滅ぼした

一四九二年、クリストファー・コロンブスら一行によってアメリカが発見され、スペインはこの新大陸に新たな土地と富を求めて、植民活動に乗り出しました。繰り返しスペイン人の遠征隊が送り込まれます。

新大陸には、天然痘や麻疹といった病気は存在していませんでした。つまり、新大陸の先住民は天然痘や麻疹に対する免疫を持っていないということです。その感染症に特異免疫のない集団に、その感染症の病原体が侵入すれば、たちまち大流行を起こし、さらに感染者は重症化しやすい傾向を持ちます。

一方、ヨーロッパでは五世紀以降、繰り返し天然痘の流行が起こっており、麻疹の流行も起こっていたので、遠征したスペイン人の多くは幼少期に罹って、天然痘や麻疹の獲得免疫を持っていました。天然痘や麻疹は一度罹れば、二度と発病することはありません。

このような状況の中でスペイン人の入植が続き、天然痘ウイルスや麻疹のウイルスが図らずも新大陸に運ばれてきたのです。天然痘の流行は、スペイン人が拠点としたヒスパニオーラから始まり、間もなくキューバにも拡がりました。

一五一八年、天然痘がカリブの島々で大流行を起こします。スペイン人は免疫を持っていましたから発症しませんが、先住民のインディオたちは免疫を持っていなかったために人口は激減したのです。

一五一八年十一月、キューバからエルナン・コルテスが四〇〇人のスペイン人を率いてアステカ人の治めるメキシコを目指しました。中米最後の大文明とされたアステカ文明。大神殿がそびえるテスココ湖上の水上都市テノチティトラン（人口二〇万人）の水に浮かぶ庭園や運河は、神秘的な美しさを秘めていました。

アステカ国王は、侵略者であるコルテスらスペイン人を都に入れてもてなしますが、コルテスはこの期に乗じて国王を幽閉します。しかし、兵の数においては圧倒的にアステカ人に劣るスペイン人らは、コルテスの留守中に海岸線までの撤退を余儀なくされました。このとき、スペイン人が連れていた奴隷の中に天然痘に感染している者が混じっていたのです。

そのために、この遠征で天然痘ウイルスをメキシコのあるユカタン半島にばら撒く結果になりました。天然痘はすぐに流行ののろしを上げ、コルテスが軍を再編成して再びテノチティトランに着いたときには、天然痘ウイルスも到着していたのです。

コルテス軍とアステカ軍の闘いの結果、アステカ最後の王となるクアテモクはスペイン人を追い払いますが、その夜、天然痘の感染爆発が起こります。多くのアステカの兵士も国王クアテモクやその周囲の重臣らも天然痘で死亡。感染はさらに拡大して、城内も街路も犠牲者で埋まり、武力では一旦は勝利を得たアステカ王国でしたが、天然痘の大流行によって、美しい湖上の都と共にスペイン人の前に滅び去ったのです。

夥しい天然痘の犠牲者が腐臭を放ったテノチティトランは、メキシコシティと名を変えて、新スペインの首都となりました。アステカの旧都は破壊され、かつてのテノチティトランの聖所テオカリのあった場所は、現在のメキシコシティの中心の辺りです。

インカ帝国にまで及んだ流行

天然痘や麻疹に全く免疫を持たない新大陸の人々の中で、天然痘は人から人へ、町から町へと拡大しました。

一五二五年、ついに天然痘ウイルスは南米インカ帝国にも及びます。一五三一年、フランシスコ・ピサロがペルーに上陸し、一五三三年に騎兵六七人と歩兵一一〇人というわずかな兵力でインカ帝国を占領しますが、このときもインカ帝国は天然痘大流行の真最中であったのです。

スペイン人らの侵入から十六世紀の中頃までに、天然痘と麻疹などの感染症の流行の結果、アステカでは人口が二五〇〇万人から三〇〇万人に、インカでは一〇〇〇万人から一三〇万人に激減したのです。

天然痘や麻疹の大流行の最中、先住民は誰もが一つの共通の疑問を持ったのでした。「なぜ、スペイン人はこの疫病に侵されず、自分たちだけが病に苦しむのだろうか」。

人々はここに一つの答えを出したのです。

「スペイン人の神はアステカの神よりも優れているのだ。だから、スペイン人はアステカを支配するためにやってきた。スペイン人に逆らったアステカ人が天罰（天然痘や麻疹の感染）を受けるのは当然なのだ」。

病原体に一度罹患していれば、その病原体に対する獲得（適応）免疫を持ち、その後は、病原体に暴露されても軽症化や発症を逃れることができるという「免疫学」が発達するのは、この後約三世紀以上を待たねばならなかったのです。感染爆発の後、多くの先住民がスペイン人の神、キリスト教に改宗したのでした。

天然痘は北米にも持ち込まれ、ヨーロッパ諸国による植民地化を加速させました。コロンブスが到着したとき、南北両大陸の人口は約七二〇〇万人でしたが、一六二〇年頃には、天然痘などの感染症と戦争で六〇万人にまで減少したとされます。

天然痘ウイルスは
二十世紀だけで
三億人を
殺している……

Part Ⅲ

よみがえる感染症

結核──今、目の前にある危機

世界人口の三分の一が感染

結核は結核菌の慢性感染によって起こる感染症です。

世界三大感染症とはＨＩＶ／ＡＩＤＳ、結核、マラリアですが、結核は死亡者数ではＨＩＶ／ＡＩＤＳに次いで二番目に多い重大な疾患です。実に世界人口の約三分の一が結核に感染しているとされます。二〇一三年には年間、九〇〇万人の人が結核となり、一五〇万人の死亡者が出ました。

さらに怖ろしいのは、このうち、四八万人が多剤耐性結核という、少なくとも標準的な治療に使われる最も強力な抗結核薬（イソニアジドとリファンピシン）が効かない結核菌による結核を発症していると推定されています。

このような結核菌は薬の選択肢が狭まり、治療が困難となるのです。

以上のように書くと、発展途上国のことであり、日本は関係ないと考える読者もいることと思います。事実、結核の死亡者の九五パーセント以上は低・中所得国で発生しているからです。

しかし、現在の日本でも結核の罹患率は人口一〇万人あたり一四・四人（二〇一六年）です。多くの先進国が一〇を下回り低蔓延国であるのに対し、日本は、結核〝中蔓延国〟なのです。二〇一六年の新規の結核感染者数は一万八二八〇人で、一九五五人が死亡しています。

明治時代から第二次世界大戦を経た昭和二十年代まで、結核は多くの国民が感染して発症したことから「国民病」と、あるいは、多くの死亡者を出して、社会に大きな打撃を与えることから「亡国病」とも言われました。国民は結核を死病として恐れたのです。

一九四四年、セルマン・ワクスマンが放線菌の培養ろ過液からストレプトマイシンの抗結核薬を開発。さらに国を挙げての結核対策への取り組みもあり、死亡者は激減しました。しかし、近年、日本の結核発生の減少は鈍っており、現在の日本では一日あたり、新規患者が五六人発生、六人が亡くなっているのです。

さらに、結核は今後の日本でさらに深刻な問題に発展していく可能性の高い感染症です。それは、どういうことでしょうか？

どうやってうつるのか

結核は結核菌の感染によって引き起こされます。結核は全身感染症ですが、主として肺に炎症を起こします。過去には肺病と呼ばれた由縁です。結核菌を外に出すのは一部の患者に限られますが、菌を排出している結核患者の痰の中には、特に多くの結核菌が含まれています。

さらに患者の咳やくしゃみ、話したりしたときの唾とともに、空間中に結核菌が飛散します。結核菌は、それを人が吸い込んで〝空気感染〟でうつるのです。

しかし、結核菌は、肺の奥の気管支壁にまで到達しないと感染が成立できません。飛沫などの大きな粒は、気管支粘膜に吸着され、また鼻毛や気管支内壁の繊毛運動によって外へ排出されて、肺の奥までは届きません。

また、増殖にかかる時間も、一般的な細菌やウイルスの数十倍から数百倍も遅く、増殖効率も悪いのです。このようなことから、麻疹やインフルエンザなどの感染症に比べると、結核菌は感染力が弱くなります。このため、結核菌を排出している患者との長期間にわたる密な接触がないと、実際は他者にうつりにくいとされます。

しかし、治療を開始する前の患者が、自分でも気付かずに職場や学校、家庭で排菌している場合もあります。また、未治療の重症な肺結核の患者は、多量の結核菌を出していることもあるのです。この場合では、周囲の人たちに非常に感染が成立しやすくなるのです。二〇一六年には渋谷警察署、佐賀県の医療機関、東京の日本語学校で集団感染が起こっています。

感染と発症の違い

結核では、感染と発病を区別する必要があります。人が結核菌に暴露されて、感染する割合は約三〇パーセントとされます。感染したからと言って、全ての人が発病するわけではありません。

「発病する」ということは、感染後、結核菌が活動を始めて、菌が増殖し、体の組織を壊していくことです。感染しても結核を発症しない人が多くいるのは、体の免疫機能が体内の結核菌の増殖を抑え込むためです。ですから、結核を発症する割合は、年齢層や生活環境、社会状況などによって異なります。

◆日本における結核患者の年齢層別割合（2014年）

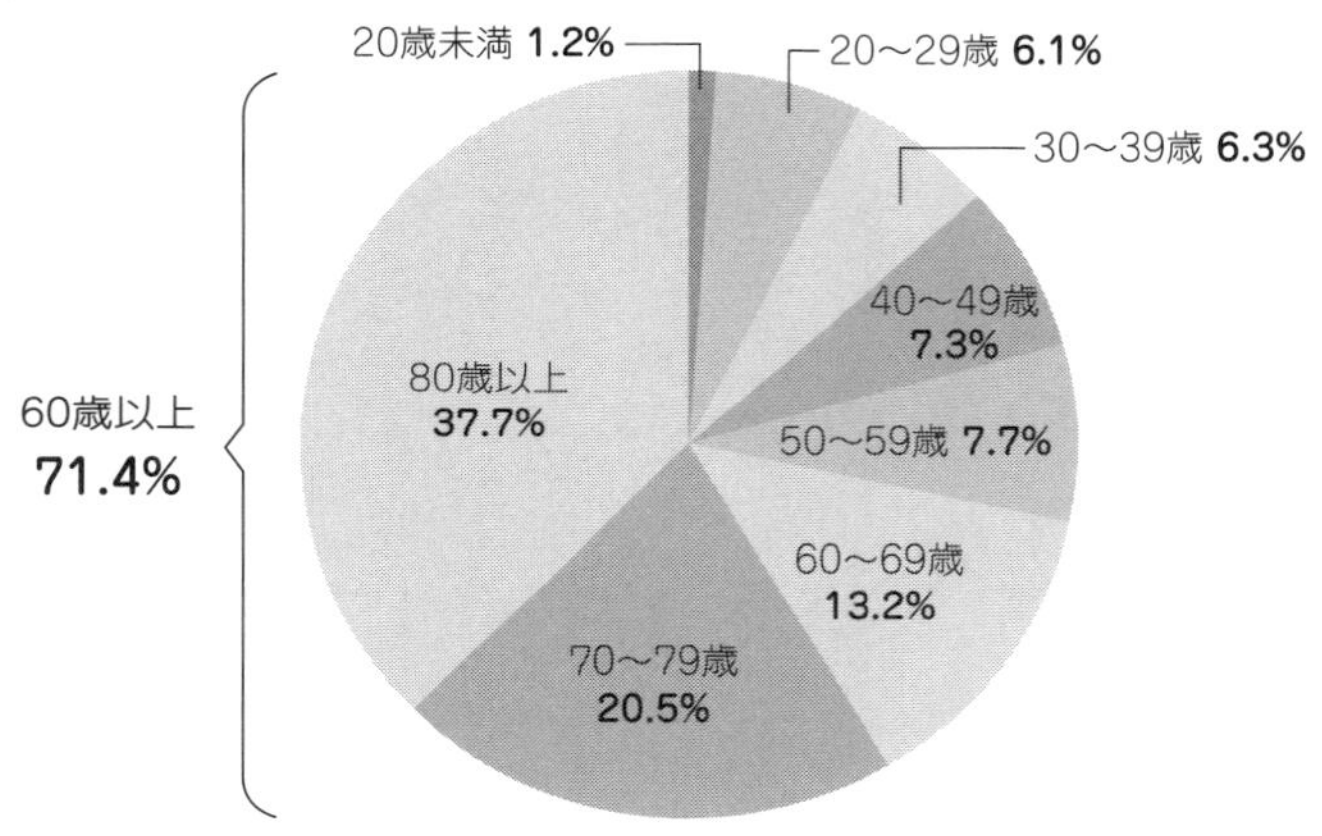

出典：厚生労働省 HP（http://www.mhlw.go.jp/bunya/kenkou/kekkaku-kansenshou03/14.html）

結核を発病する割合は、結核の予防ワクチンのBCG接種を受けた人で五〜一〇パーセントとされ、約半数が感染から一年以内に発症しています。若い人の集団感染では感染を受けた人の一〇〜二〇パーセント以上が発病した事例もあります。

また、結核の発病とその予後は、HIV感染や糖尿病などの他の慢性疾患などによる免疫力の状態によっても変わります。

現在の日本の結核の新規登録患者の七割が、六十歳以上の人たちです。そして、半数以上を七十歳以上の高齢者が占めています。日本社会は、急速に高齢化が進んでいますが、加齢によって潜在結核が再燃する発病と結核患者の高齢化が、今後の重大な問題となってきます。

結核は全身感染症

発病し、症状が進むと咳や痰が出て、結核菌が空中に吐き出されるようになります。これが排菌です。発病しても排菌していないこともあり、そのような場合は感染源とはなりません。

しかし、人の免疫機能は結核菌の増殖を抑えても、菌全てを死滅させて排除できるわけではありません。結核菌は人の免疫細胞が菌の封じ込めのためにつくった細胞肉芽腫の中心部（乾酪壊死巣（かんらくえし））の中で、人の免疫系と巧妙にバランスを保って、生き延びます。

結果、結核菌は人の体内で共存することになります（潜在性結核）。こうして、数年、ときに数十年と人の体内に潜伏・共存し、その後に結核を発症することもあります。

結核菌が肺に侵入すると結核特有の結節（細胞肉芽腫）をつくりますが、この段階では感染者に症状は出ません。体の抵抗力が落ちると前出の乾酪壊死巣が液状化して、結核菌が外部に放出され、増殖を起こし始めます。数カ月間は、咳、発熱、寝汗、体重が減るなどの症状で過ぎることがあり、軽い症状であるために医療機関への受診の遅れとなって、周囲への結核菌の感染伝播につながってしまいます。

こうして、結核菌が増殖して肺炎を起こすと、発熱、喀痰（かくたん）、喀血（かっけつ）などの症状が出始めます。そして、炎症がひどくなると、組織が破壊されて化膿に似た状態となります。さらに病態が進むと融けた肺組織が、咳やくしゃみで気管支を通って吐き出され、結核菌の病巣は穴があいた空洞となります。結核菌は酸素を好むので、肺の空洞で大増殖をするのです。

結核の多くが肺結核ですが、実は全身感染症です。肺の入り口の肺門リンパ節の病巣から結核菌がリンパ管を通って首の付け根で静脈に到り、結核菌が血液に入ると、他の臓器にも結核菌が飛び火することになります。

大量の結核菌が血流に入ると、肝臓、脾臓、肺全体、咽頭、腸、眼や耳、皮膚や脳などのあちこちの臓器に無数の結核の病変をつくることがあります。これは、粟粒（ぞくりゅう）結核と呼ばれます。

結核菌が脳に辿り着くと髄膜（脳を包んでいる膜）に病巣をつくり、結核性髄膜炎を起こし、約三分の一が亡くなり、治っても重い後遺症が残る場合があります。さらに、病巣のできた場所によって、脊椎カリエス（背骨）、腎結核（腎臓）、腸結核、膀胱結核などがあります。

治療を怠れば、肺の組織が破壊されて呼吸困難に陥ることやさまざまな臓器の組織が破壊され機能不全となって、死に至ります。

治療薬と耐性菌

結核と診断されても、半年間、毎日きちんと処方された薬を服用すれば治癒することができます。重要なことは、症状が消えたからといって、治療期間の途中で薬を飲むことを止めてはならないということです。

服用を止めれば治らないだけではなく、結核菌が薬に対する抵抗力をつけて、薬が全く効かない多剤耐性結核菌の原因となるのです。

現在、大きな問題となっているのは、これらの薬剤に耐性を持つ（薬剤が効かない）結核菌が拡がっていることです。結核の標準的な治療は、抗結核薬のうち二〜四剤を使った六カ月間の多剤併用療法です。この抗結核薬のうちリファンピシンとイソニアジドが最も強い抗結核作用を持っています。

標準的な抗結核薬の少なくとも一つに耐性がある結核菌は、調査された全ての国で見つかっています。

さらに、イソニアジドとリファンピシンに耐性を持つ、多剤耐性結核（MDR-TB）が発生しています。多剤耐性結核に罹ると化学療法による治癒が非常に難しくなります。すると、第二選択薬での治療が行われますが、第二選択薬では薬の選択肢が狭まり、治療も長期間を要します。日本の結核の治癒率は約八〇パーセントですが、多剤耐性結核となると五〇パーセントに低下してしまうのです。

多剤耐性結核菌のうち、第二選択薬での治療に用いられるニューキノロン系抗生剤の一種類以上に耐性、かつ注射可能な抗結核薬の一種類以上に耐性のある菌は、超多剤耐性結核菌となります。

超多剤耐性結核は事実上、抗結核薬での治療が不可能となります。治癒率は、さらに低下して三〇パーセント程度となってしまうのです。

多剤耐性、超多剤耐性結核菌が拡がれば、結核の治療が困難となり、治癒率も低下し、健康被害はさらに拡大してしまいます。もしも、罹った結核菌が多剤耐性、超多剤耐性であった場合には、治療を開始する時点で極めて困難な状況に直面することになるのです。

世界の発生状況

世界では、アフリカ、東南アジアの地域での新規患者発生の増加が激しくなっています。特にアフリカでの新規患者発生数は、過去二十年間で倍増しています。ＨＩＶ感染者、ＡＩＤＳ患者の増加により免疫が低下して、結核の発病率が上がっていることが指摘されています。ＨＩＶ／ＡＩＤＳと結核菌の重複感染は結核の重症化を招きます。

前出のように二〇一三年に世界で四八万人が多剤耐性結核で死亡しています。その多剤耐性結核は、ロシア、中国、インドの三国でその死亡者の半数以上を出しています。さらにこの多剤耐性結核の約九パーセントは、超多剤耐性結核であると推定されているのです。

耐性結核菌の発生は、不適切な治療とさらに品質の劣った薬剤による治療も原因となります。これらの監視の強化と対策が全世界レベルで実施できるかどうか、今、重大な課題に直面しています。

一方で、日本の若い世代（二十歳代）の結核患者の約半数（二〇一四年は四三パーセント）は、アジア諸国から来日した後に発病した患者で占められています。アジア諸国での結核の新規患者の増加は激しく、さらにアジア諸国の〝治療歴のない新規の患者〟でも二五人に一人は多剤耐性結核です。

アジア諸国と日本は人の交流も激しく、今後、輸入感染症として薬剤耐性結核が日本に侵入してくることが心配されます。

さらに日本も含むアジア地域から、ロシア、南アフリカまでの広い地域で、「北京型株」の結核菌が蔓延しています。北京型株は比較的新しい結核菌で、発病率が高く感染伝播力が強い特徴があります。また、再発しやすいともされ、このような結核菌が日本でも発生していることは憂慮されることです。

新しい治療薬と懸念点

そして、最近、実に四十年以上ぶりとなる、新しい抗結核薬としてベダキリンとデラマニドが開発、治療に使われるようになりました。この二剤は、これまでの抗結核薬の全てと異なった構造をしています。

多剤耐性結核や超多剤耐性結核の発生や拡がりが非常に心配されている中で、この薬に対する耐性菌をつくらないように、適切な使用が強く望まれています。薬が効かない結核が主流となって流行が起これば、かつて死病と呼ばれた怖ろしい結核の時代に再び戻ってしまうのです。

破傷風——災害時に発生する恐怖

生き延びる破傷風菌

二〇一一年三月十一日、東日本大震災が発生、多くの人々が被災しました。この大災害の後に、破傷風という重大な細菌感染症が複数例報告されました。破傷風は過去には多くの人々の命を奪った感染症です。

一九六八年から破傷風トキソイドワクチンがジフテリア・百日咳・破傷風三種混合ワクチンとして、予防接種法に基づいて市町村が主体に実施する定期接種となり、患者の発生を抑えることができるようになりました。その結果、日本での年間の患者数は数十人から一〇〇人となっています。

破傷風はワクチンを接種すれば、発症を防ぐことのできる感染症です。破傷風患者のほとんどは、今までワクチンを受けたことがないか、あるいはワクチンの定期接種を受けてから十年以上経過し、最近十年間に追加接種を受けていない人です。

しかし、世界に目を向ければ発展途上国を中心に年間一〇〇万～二〇〇万人の患者が発生していると考えられます。さらに、破傷風は震災や水害などで発生のリスクが高まるため、災害時には要注意の怖ろしい感染症です。

破傷風の病原体は破傷風菌という細菌です。世界中の土壌中や動物（馬、羊、牛、犬、猫、鼠、モルモット、鶏、人など）の腸の中や糞便中に広く存在しています。特に馬の飼われている厩舎（きゅうしゃ）や馬場、その周囲は、高度に破傷風菌に汚染されています。また家畜の糞を肥料とした土は、たくさんの破傷風菌が含まれています。

破傷風菌は芽胞という状態で、熱や乾燥、消毒などにも耐えて、しぶとく生き残って潜んでいます。芽胞とは、細菌が固い殻に覆われた状態で休眠・静止の形態を取ることです。

芽胞を形成できるのは一部の細菌ですが、芽胞菌は増殖に不適当な環境下になると「休眠形態」で生き延び、外部の条件が好転すると、発芽して増殖を開始するのです。

蛇足ですが、炭疽（たんそ）菌を生物兵器として白い粉末にするのも、炭疽菌が芽胞となる性質を悪用したものです。

破傷風の怖ろしい症状

破傷風菌は芽胞の形で傷口から人の体内に侵入します。人が泥の中で足を切った、古釘を踏んだ、転倒した等による擦り傷や、やけどの傷口、農作業やガーデニング、スポーツなどでの日常的ケガによる小さな傷などからも、この芽胞が体内に入り込みます。破傷風患者の二割強が菌の侵入部位を特定できていないことは、些細な傷からも破傷風菌の感染が起こることを示します。

破傷風菌は酸素の少ない条件下で発芽・増殖する嫌気性菌なので、侵入した芽胞は空気の少ない環境下で発芽して、そこで破傷風菌が増殖します。そして、破傷風菌の自己融解に伴って菌体外に破傷風毒素（テタノスパスミン）などの神経毒素を放出するのです。

この破傷風毒素は、食中毒のボツリヌス菌の産生する毒素と並んで、最強の毒素の一つとされます。傷の周囲の運動神経から神経細胞内に取り込まれ、神経機能を冒しながら、脊髄・脳神経の運動神経中枢に向かって移行していきます。

テタノスパスミンは神経に結合し、筋肉の収縮を抑えるように働く伝達物質の放出を抑制し、この結果として筋肉が全く抑制されずに収縮を起こして硬直するのです。

このように破傷風に特徴的な症状は、この筋肉のこわばりで、破傷風（英語 tetanus）はギリシャ語の tetano（張り詰めた）に語源があります。

破傷風の潜伏期は三～二十一日（平均十日程度）です。受傷後数日して、頭痛、不快感やムズムズした感覚から始まり、徐々に下顎や口が固く動きにくくなって、顔が歪んだり舌がもつれたりして口が開きにくくなり、言葉を発したり飲み込むことなどができにくくなります。破傷風は局所型、脳型、全身型の三つがありますが、患者のほとんど、約八〇パーセントが全身型破傷風です。

破傷風毒素が顔や頬の筋肉に到達すると顔にも痙攣が起こり、口唇は横に広がって少し開き、歯牙を露出して、笑ったように引きつった破傷風顔貌となります。そして、首の筋肉が痙攣します。

一方、急激に重いしびれや歩行障害から、全身の筋肉の硬直が起こり、激しい強直性痙攣が起こります。特に、背筋、咬筋などの大きく強い筋の硬直症状が目立ち、それによって骨折も起こります。

最終的には後弓反張というフィギュアスケートの技イナバウアーのような姿勢（頭

と踵しか地面についていないような反り返りの体勢）となってしまいます。

光や音などの刺激によって痙攣性硬直が誘発されるので、絶対安静となりますが、やがて呼吸筋の硬直により呼吸困難となります。症状が出ている間も、本人の意識ははっきりとして、痛みと共に発作の恐怖も感じていますので、大変な精神的苦痛が強いられます。

数分間も続く痙攣が頻回に起こる状態が三〜四週間続き、破傷風の症状が消えるまでに数カ月を要します。日本では、早期診断と抗血清療法や筋弛緩剤と人工呼吸によって治癒・回復する可能性が増えていますが、現在でも患者の一割が呼吸困難となって死亡しています。

破傷風毒素を中和する抗破傷風ヒト免疫グロブリンは、組織に結合する前の血液中に遊離している毒素は中和できますが、いったん結合した毒素は中和することができません。また、一度、神経に結合した毒素は離れることはないので、治療は発症初期に実施されることが肝心で、早期の集中治療の開始が必要となります。しかし、災害時には医療資源が限られ、それらはとうてい望めないでしょう。

さらに、テタノスパスミンは極めて微量の毒素で破傷風を発症するため、破傷風に罹って治っても十分な免疫はできません。テタノスパスミンの人での致死量は体重一キログラム当たり二・五ナノグラム（一ナノグラムは一グラムの一〇億分の一。一ナノは十のマイナス九乗）で六〇キログラムの体重で一五〇ナノグラムと極めて少ないのです。

このため、何度も破傷風に罹る可能性があり、破傷風トキソイドワクチンを接種して、人工的にワクチン免疫を付けることが必要となります。

また、災害時だけではなく、海外の医療へのアクセスの悪い国や地域へ出掛けたり、滞在する場合には、ワクチンでの感染予防が必要です。

誰でも感染の危険性

破傷風という名前の〝風〟という字は、しびれや麻痺を意味します。破傷風という漢字の〝傷を破って風（麻痺、しびれ）を起こす〟という命名は、この怖ろしい感染症の感染経路と症状を的確に示しています。

破傷風は、人から人に感染する病気ではありませんが、破傷風菌は土壌に広く存在することから、傷を受ければ容易に感染するリスクがあります。破傷風菌に接触しないで、日常を送ることは不可能ですから、誰でも感染の危険性があるのです。

破傷風トキソイドワクチンは、日本では一九五二年に任意接種で使用が始まり、一九六八年にジフテリア・百日咳・破傷風混合ワクチン（ＤＰＴ三種混合ワクチン）で定期予防接種となりました。このＤＰＴワクチンの定期接種開始により、破傷風の患者数と死者数が共に減っていったのです。

現在の日本では、予防ワクチンが定期接種となって普及しているため、小児から若年成人での破傷風の報告はほとんどありませんが、定期接種導入以前の現在の中高年以上の人の多くは免疫を持っていないのです。平時における日本の破傷風の患者も、平成十八年の全国統計によれば九五パーセント以上が三十歳以上の成人です。

災害時の恐怖

災害発生時には傷を受ける危険性も高い上に、緊急の医療を受けることも困難と考えられます。もっと言えば、災害時には医療どころか、傷をきれいに洗うための安全な水すらない、という状況に陥るでしょう。

泥などの不純物も病原体も洗い去ることができないままに（破傷風菌の芽胞が存在

したまま）時間が経過すると、傷口で破傷風菌の感染が成立し、さらに治療が遅れると毒素による発症のリスクが高まることになります。

東日本大震災では、津波に流された際や避難する間での受傷による震災関連の破傷風症例が、岩手県や宮城県の医療機関から報告されましたが、いずれも五十歳代以上の中高年齢層以上の方々でした。

大規模な災害時には医療サービスそのものが限られ、ワクチンや治療薬などの入手も非常に困難となるでしょう。平常時の今から、自主的にワクチンを接種しておくことが、ご自身でできる有効かつ重要な震災、災害対策となります。

破傷風を今に伝える文学作品をご紹介します。

私自身、これらの本を読んだことで、破傷風という怖ろしい感染症の本質を理解したように感じています。

『土』長塚節（たかし）著には、農家の主婦が貧しさ故に第三子を堕胎する場面で破傷風菌の感染が描かれています。ホオズキの根を洗って乾かし、それを子宮孔に差し込んで羊膜に穴を開ける際に破傷風菌芽胞が侵入するのです。

やがて、典型的な破傷風症状を出して死亡。その症状の記述はあまりにも詳細です。昭和二十年代まで、ホオズキの根での人工流産は民間療法で広く行われていたのでした。

また、『震える舌』三木卓著も、四歳の女の子が些細なケガから破傷風に感染、発症する様子が登場します。破傷風患者とその家族の闘病が限界状態の精神まで克明に綴られています。野村芳太郎監督作品として映画化されています。ご覧になると破傷風の本当の怖ろしさを感じられることと思います。

この破傷風菌を世界で初めて、純粋培養に成功したのは、ドイツ留学中の北里柴三郎博士です。さらに有効な治療法である破傷風の血清治療法をも開発したのでした。当時世界では毎年八〇万〜一〇〇万人が破傷風で死亡していたのです。

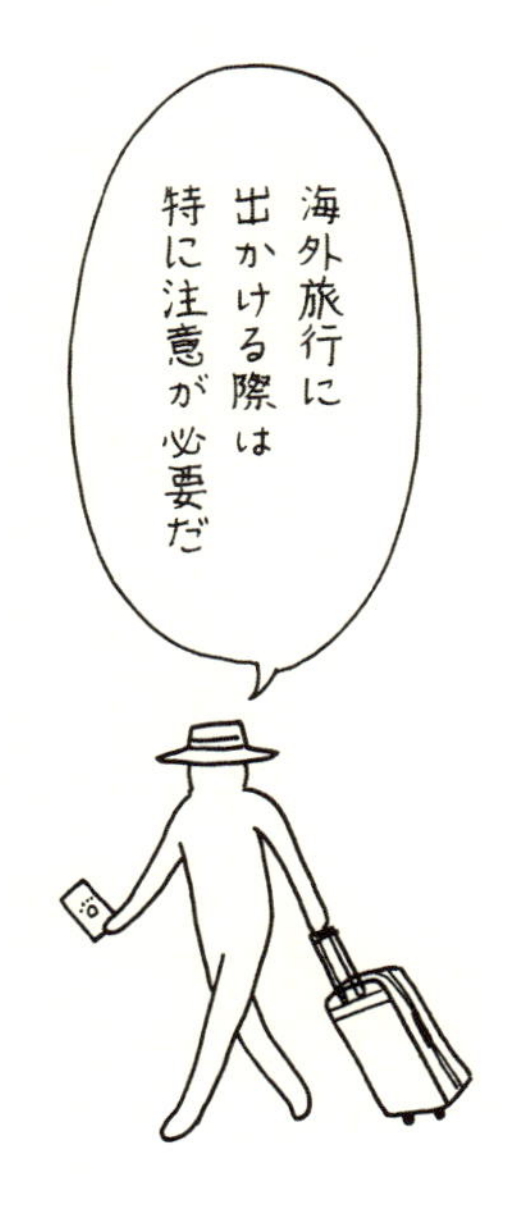
海外旅行に
出かける際は
特に注意が必要だ

麻疹——「命定めの病」

白い斑点、赤い発疹

麻疹は、麻疹ウイルスによる急性の全身感染症です。八〜十二日程度の潜伏期間の後、風邪のような症状（三八度台の発熱、咳やくしゃみ、鼻水、結膜の充血など）後、発疹の出る一〜二日前頃に口腔内に麻疹に特徴的な白い小さな斑点のコプリック斑が出ます。

この後、一旦解熱しますが、再び三九度以上の高熱が出て、麻疹特有の発疹が出てきます。赤い発疹は耳や首の後ろ、額部分などから始まり、翌日には顔や体躯（たいく）、腕にも出て全身に拡がり、熱は三〜四日続きます。

麻疹ウイルスに効く薬はなく、これらの症状を和らげる対症療法しかありません。発疹期の高熱が解熱すると発疹も退色します。合併症がない限り、七〜十日程度で回復します。

現在の医療では、「亡くなるのは一〇〇〇人に一人」と言われますが、過去には「命定め」の病とされ、麻疹のお役（全ての人が一生に一回は罹るため、役と呼ばれた）の済んでいないうちは、子供の数には入れないとされたほどの怖い伝染病でした。十一世紀頃の日本では、麻疹を「あかもがさ」と呼びましたが、赤い発疹が出ることから「赤斑瘡」「赤瘡」という呼び名に繋がったと思われます。そして、麻疹の本当の怖ろしさは、重い合併症があることです。

怖ろしい合併症

麻疹の重大な二大合併症は、肺炎と脳炎です。その他にしばしば中耳炎、稀ではありますが亜急性硬化性全脳炎（ＳＳＰＥ）という予後の不良の病気があります。

このＳＳＰＥは、感染後数年から十年という長い時を経て発症します。麻疹ウイルスが脳内で潜伏持続感染し、その間にウイルスが変化して異なった性質を持つようになることがあります。これがＳＳＰＥウイルスとされますが、発症の機序はまだ十分にわかっていません。

根本的な治療法がなく、ほとんどの患者が死亡する悲しい病気です。最初は学力が低下する、物忘れが多くなる、感情が不安定になる、字が下手になる、いつもと違った行動を取る、体がビクッとする等をきっかけに気付かれることが多いようです。学童期に多く発症します。

以前、私が国立感染症研究所に勤務していた頃、ＳＳＰＥのお子さんを持つお母さんの話をうかがったことがありました。ずっとぼんやりしていて、忘れ物も多くなった息子さんに「どうして、前はもっとよい子だったのに」ときつく叱ってしまったのを悔やんでおられました。「麻疹ウイルスが原因の病気だったのに、そして治らない病気だったのに、かわいそうなことをしてしまった」と泣いていました。

ＳＳＰＥは麻疹の大流行のあった頃には年間五～一〇人でしたが、麻疹ワクチンの普及と共に減少し、この十年間は年間一～四人です。現在、日本で一五〇人くらいの患者がいます。発症は麻疹感染者の数万人に一人と言われます。

現代の麻疹事情

麻疹ウイルスは、空気感染、飛沫感染、接触感染で人から人に伝播し、非常に強い伝播力を持っています。そして、麻疹の免疫を持っていない人が麻疹ウイルスに暴露されると、ほぼ一〇〇パーセントの人が発症します。

空気感染することから、マスクや手洗いでは感染を予防できず、予防ワクチンの接種が最も有効な予防方法になります。その麻疹ワクチンは一九六〇年に開発され、日本でも一九七八年に定期接種が導入されました。

ところが、二〇〇六年に日本国内で一〇万人規模の麻疹流行が発生、その感染者の多くが麻疹ワクチンを子供のときに一回接種したことのある、高校生や大学生だったのです。

実はこのような若年成人の麻疹流行が、二〇〇〇年頃から各地で発生が続いていたのです。このため、一九七八年に麻疹ワクチンが導入されてから一歳児に一回の定期接種だった麻疹ワクチンが、二〇〇六年より一歳児と小学校入学前に麻疹風疹二種混合ワクチンで二回接種する政策に変更されました。

麻疹風疹二種混合ワクチンでの二回接種が開始されると、麻疹の日本国内での流行は抑えられるようになり、二〇一五年三月にはＷＨＯから〝日本は麻疹が排除された〟と認定されたのです。麻疹が排除されたということは、日本に土着している麻疹ウイルスはなくなったということです。

これからの危機

このように先進諸国を始めとして世界の多くの国ではワクチンによる麻疹排除を目指しているのですが、一方で麻疹の流行がある国々はまだまだあります。中国やモンゴル、インドネシア等の近隣アジア諸国には麻疹の流行はあり、これらの国々と日本は活発な交流があるのです。

二〇一六年夏、関西国際空港や幕張メッセのコンサートやアニメのイベントの会場で、麻疹の感染者が相次いで報告され、大きく報道されました。さらに関西国際空港の集団感染の患者が受診した大阪の綜合病院では、診察した医師が感染、院内感染の拡大が心配される事態となったのです。

この麻疹の感染事例は、近隣アジア諸国から麻疹ウイルスが輸入感染症として入ってきて、さらに悪いことに空港やコンサート会場などの不特定多数の人々が集まる場所に感染者が出掛けていたことで、再び麻疹ウイルスが国内で拡がるのではと、問題になったのです。

海外から麻疹ウイルスが侵入してウイルスに暴露される人が出ても、日本人の多くが感染防御に十分な高い麻疹免疫を持っていれば、麻疹を発症せず、病気が拡がるこ

◆日本における麻疹感受性者数の推計

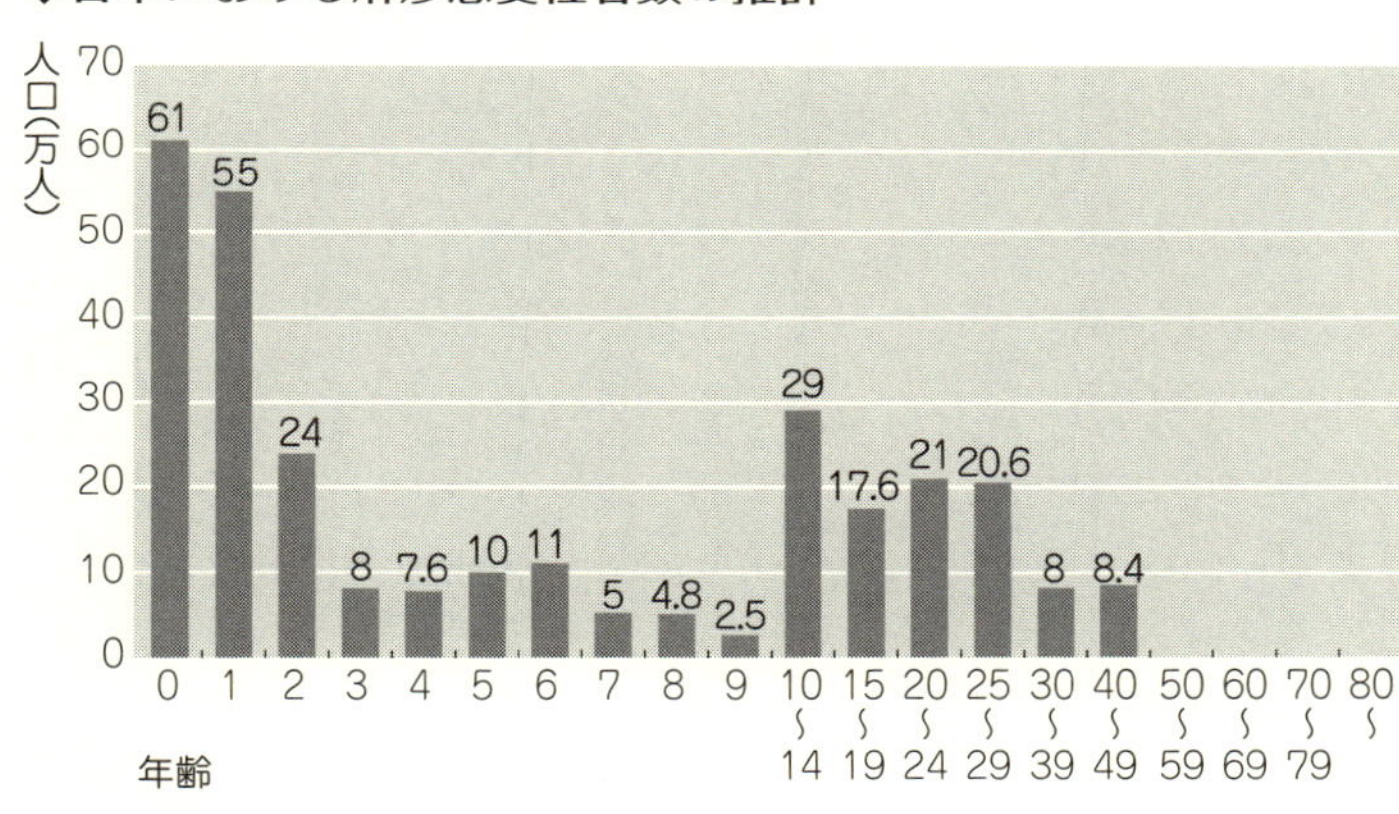

出典：2000年度感染症流行予測調査より（グラフ内数字は人数）

とはありません。

しかし、現在の日本では、麻疹免疫が低い人たちが大勢いる世代があり、以前から麻疹ウイルスの感染拡大への懸念が指摘されていたのです。

国内には麻疹免疫が不十分な麻疹感受性者が約三〇〇万人も存在すると推計されています。

特に昭和五十三年（一九七八年）から平成二年（一九九〇年）四月一日生まれの人は、一歳児の頃に麻疹ワクチンを定期接種で一回受けたきりの世代です。麻疹ワクチンで獲得した免疫は年数を経ることで減衰します。

昔のように、周期的に麻疹が流行を起こ

していた時代では、流行のたびに知らず知らずに野生の麻疹ウイルス（ワクチン用のワクチン株ウイルスに対して、野外で流行しているウイルスを野生ウイルスと言います）に曝されて不顕性感染を起こし、麻疹の免疫が増強されてきました。これをブースター効果と言います。

このようにして、感染防御レベル以上に維持されてきたのです。現在は麻疹ワクチンの普及で麻疹の流行そのものが減り、野生麻疹ウイルスに曝される機会も無くなり、ブースターの機会が無くなっています。

結果、年月の経過とともに麻疹免疫が減衰していくのです。そして、感染防御レベル以下まで落ち込んでしまうこともあるのです。

二〇一六年、関西国際空港にて

大阪府保険医療室医療対策課の発表によると、関西国際空港での麻疹感染者のうちの三分の一に当たる一三人が、麻疹ワクチンを二回接種していたそうです。その中には患者の診察にあたった医師も含まれていたことから、「二回接種でも麻疹に罹ってしまうのか」という不安が拡がりました。

現時点では、感染者がいつ二回目のワクチンを接種したのか（直近に接種している場合は、免疫を獲得するのに二週間かかるため免疫が上昇していない場合も。または、接種してから長い年月を経て減衰してしまっている場合も考えられる）、さらにどんな症状を出したのか（麻疹免疫が残っていたため軽い修飾麻疹で終わったのか、または、本当の麻疹の症状を出したのか）等の情報がわかりません。

今後の日本では、麻疹の流行はますます減っていくと思われます。つまり、ブースター効果はさらに減ることが予想されます。すると、二回接種で得たワクチン免疫も自然感染した麻疹免疫もブーストされずにもっと早いスピードで、減衰していくことになります。

ですから、今後は、定期的に（たとえば十年ごとに）麻疹ワクチンを追加接種して感染防御免疫を維持していくような対応が必要となると考えられます。自然感染では高い麻疹免疫を獲得していますが、弱毒生ワクチンで得る麻疹免疫はそもそも低いので、まず問題となるのはワクチン接種者であろうと思われます。

ワクチン世代の一九七八年以降に生まれた人たちが年齢を重ねたとき、麻疹ワクチンを接種してブーストをかけていなければ、たとえ二回接種者であっても感染防御レベル以下に低下すると考えられます。

将来、多くの日本人の麻疹免疫の保有状況が低下した状況で、海外の麻疹流行国から麻疹ウイルスが侵入してきたら、麻疹の大流行が起こってしまいます。そのとき、ワクチン世代が高齢化していれば、重症化しやすい高齢者が麻疹に罹ることも想定されます。

最も怖ろしい麻疹の流行は、将来、高齢者施設に麻疹ウイルスが侵入、そこで麻疹の集団感染が起こることです。そのような場合には、麻疹はまさに「命定めの病」に戻ってしまうことでしょう。

今後も海外から国内へ麻疹ウイルスの持ち込みは起こると思われます。このようなことから、麻疹の排除国となった日本でも麻疹ワクチンの接種は、ずっと続けて行かねばならないのです。

日本国内で
流行が抑えられても
油断はできないね

狂犬病――発症すれば致死率ほぼ一〇〇パーセント

人と獣に共通した感染症

狂犬病は発症するとほぼ全員が死亡する怖ろしい人獣共通感染症です。現在の日本では、狂犬病の発生はありませんが、一九五〇年（昭和二十五年）以前には日本国内でも多くの犬が狂犬病を発症し、人も狂犬病ウイルスに感染して死亡していました。一九四九年には、日本で七四人が狂犬病で死亡、一九五〇年には狂犬病の犬が八七九匹見つかっています。

このような惨状から脱するため、昭和二十五年に狂犬病予防法が施行され、犬の登録や年一回の狂犬病ワクチンの接種、野良犬の抑留などの対策が講じられ、わずか七年で日本から狂犬病の撲滅に成功したのです。

どんなに怖ろしい感染症であっても、患者の発生がなくなると、人々の記憶から忘れ去られていきます。現在の日本における狂犬病は、まさにそれに当てはまり〝忘れ去られた死の感染症〟です。

全哺乳類に感染する

狂犬病ウイルスは、人を含む全ての哺乳類に感染し脳炎を起こして、その命を奪います。海外で、たとえば、犬、猫、猿、スカンク、アライグマ、フェレット、キツネ、コウモリなどに咬まれたり、引っ掻かれたりした場合には、狂犬病の感染を疑わなければなりません。こうして海外に滞在中に狂犬病ウイルスに感染して、日本に帰国した頃に発症するという危険性もあります。

また、依然として、世界の多くの国々で人と野生動物の狂犬病が報告されている中で、近年の日本では、さまざまな珍しい動物の飼育を含めたペットブームが起こり、密着して愛玩動物を飼う人々も増えています。

動物の輸出入に関しては、狂犬病予防法や家畜伝染病予防法に基づいて、輸出入検疫が課せられています。しかし、動物の密輸や何がしかの事故等によって、狂犬病ウイルスが日本に再び侵入するような危険性も指摘されています。

◆狂犬病発生状況

▨ 狂犬病発生地域（死亡推定数100人以上）
▨ 狂犬病発生地域（死亡推定数100人未満）
■ 厚生労働大臣が指定する狂犬病清浄地域

（注）報告のない国については死亡者数100人未満の国とみなしている

出典：WHO Weekly epidemiological record 15 JANUARY 2016, 91th YEAR
厚生労働省健康局結核感染症課（2016 年 6 月 28 日作成）

狂犬病の発生状況

狂犬病は日本、ニュージーランド、フィジー、グアム、ハワイ、英国、オーストラリアやスカンジナビア半島のノルウェー、スウェーデンなどの国々を除き、世界中一五〇カ国に存在します。台湾は狂犬病のない地域とされていましたが、二〇一三年七月に野生のイタチアナグマの狂犬病感染が確認されました。

世界では、ＷＨＯによれば毎年五万五〇〇〇人以上の人と十数万頭の動物が狂犬病で死亡しているとされていますが、特に日本人のよく訪れるアジア諸国や中南米、アフリカを中心にその多くが発生しています。

近年では、中国で狂犬病の大規模な流行が起こり、少なくとも年間二五〇〇人もの死亡者が中国国内で発生しています。さらに深刻であるのがインドで、毎年二万〜三万人が亡くなっています。

若い女性に人気のバリ島のあるインドネシアでも、毎年一〇〇人以上の感染・犠牲者が確認され、その他、パキスタン、バングラデシュ、タイ、ベトナム、フィリピン、ネパールなどでも流行し、死亡者が出ています。近年、特に狂犬病の発生が拡大しているアジア地域は、中国、インド、インドネシア、フィリピン、ベトナムです。

狂犬病の感染経路

日本における狂犬病の輸入例の報告では、ネパール（狂犬病発生地）で犬に咬まれて帰国した青年（一九七〇年）やフィリピンで犬に咬まれて帰国した二名（二〇〇六年）の報告がされています。これらのアジア地域では、住民に餌をもらって放し飼いになっている〝半野良の犬〟がよくいることも要注意です。

韓国と中国ではタヌキ、中国ではイタチアナグマでも狂犬病が報告されています。近い将来には、アジアでこれらの野生動物による狂犬病も問題となってくる可能性もあります。

一方、中南米での狂犬病の発生も深刻です。メキシコ、エルサルバドル、グアテマラ、ペルー、コロンビア、エクアドルなどの国々で狂犬病が流行しています。注意すべきは、中南米地域の狂犬病ウイルスの媒介動物です。

東南アジアでの感染源は主に犬ですが、中南米では吸血コウモリで多く発生しています。コウモリは吸血、非吸血（食虫・食果）共に注意すべき動物で、米国では犬よりもコウモリ、アライグマの方が狂犬病の感染の危険性があるとされています。

ヨーロッパでは特にキツネが問題です。北米はコウモリ、アライグマ、スカンクなど。アフリカでは犬、ジャッカル、マングースなどが狂犬病の人への感染源となっています。稀には野生のネズミなどげっ歯類、ウサギ、家畜なども感染の疑いとなります。家畜も狂犬病ウイルスを持った野生動物に咬まれるなどで、狂犬病の被害が発生しています。

ヨーロッパ先進諸国や米国では、犬の狂犬病はワクチン接種によって制圧できても、野生動物の狂犬病は依然として発生が続いているため、人が野生動物から感染したり、ワクチン未接種の犬や猫へ狂犬病ウイルスが伝播される危険性があります。そうなれば、ペットから人への感染のリスクも出てくるのです。

野生動物の狂犬病（森林型狂犬病）対策では、狂犬病ワクチンを餌に封入して空中から目標地域に散布して、それを食べた動物に狂犬病ウイルスの免疫を与える方法が行われています。

人用、動物用の狂犬病ワクチンは、共に狂犬病ウイルスを不活化した不活化ワクチンが主流です。しかし、野生動物については例外的に生きた弱毒ウイルスの生ワクチンを使用しています。

スイスではキツネの狂犬病蔓延阻止に効果を上げて、フランス、ドイツでも地域を拡げて行われています。野生動物用の狂犬病経口生ワクチンには、課題もあります。たった一つのアミノ酸の変異で弱毒化した狂犬病ウイルスを使っているため、野生動物の体内で強毒化ウイルスに戻るリスクも拭いきれません。

今後は、ウイルスを複数のアミノ酸変異で弱毒化したような、より安定化し、さらに高度に弱毒化した狂犬病ワクチンの開発が必要となります。現在のところ、ワクチン株による狂犬病の動物は発生していません。

感染から潜伏・発症

感染した動物の唾液腺では大量の狂犬病ウイルスが増殖しているため、唾液中にも狂犬病ウイルスが多く存在します。そして、咬まれた傷からウイルスが体内に侵入します。狂犬病の流行地では、なるべく長そでと長ズボンを着用するようにという注意事項がありますが、これは万一咬まれた場合でも衣類の繊維が唾液を吸収することで、外傷部位へのウイルスの侵入量が減ることを期待しているのです。

さらに、感染動物に眼や鼻、口などを舐められると粘膜からも感染します。また、動物は前足を舐めますので、ウイルスを含んだ唾液が爪に付着していることがあります。その爪で引っ掻かれることで感染することもあります。

さらに、狂犬病ウイルスでは知られていない感染ルートが存在します。経気道感染です。米国で洞窟に棲む食虫コウモリの群れの中で狂犬病が蔓延し、その洞窟に入った人間が狂犬病を発症したのです。彼らは動物に咬まれるなどの感染が疑われる経験はありませんでした。洞窟内にはコウモリの唾液や鼻水、尿などの中に狂犬病ウイルスが排泄されていました。

ウイルスを含んだ体液や排泄物がコウモリの出す超音波で霧状となって漂い、洞窟内に侵入した人がそれを吸い込んで感染した疑いがあるのです。その後、洞窟内で行われた動物の感染実験で狂犬病の経気道感染が明らかとなり、洞窟内の空気から狂犬病ウイルスが検出されました。

コウモリは本書で取り上げている怖ろしい感染症の病原体であるエボラウイルスやSARSウイルス、MERSコロナウイルス、さらにこの狂犬病ウイルスなどの宿主でもありますから、コウモリの群落の棲むエリアには近寄らないことです。

特に空気の流れがほとんどない洞窟内には立ち入らないことは鉄則です。このようなコウモリの棲む洞窟内等に出入りしたり、巣を造るような野生動物もまた、狂犬病ウイルスが伝播している可能性があります。

こうして、狂犬病ウイルスが体内に侵入すると、神経に沿って脳に向かって上っていきます。狂犬病ウイルスは血液に入らないので、血液検査での感染の有無は判定できません。

感染が疑われる動物に咬まれる等の感染危険性が生じた場合には、全て「感染したものである」と考えて、後述する暴露後ワクチン接種や免疫グロブリンでの対応を〝即座に取る〟ことが必須となります。いったん発症してしまえば、狂犬病は治療方法もなくほぼ全ての人が死亡する重大な感染症ですから、躊躇うことなく開始しなくてはなりません。

潜伏期は多くの場合は二十日から二カ月ですが、短い場合には二週間、長くは数年に及ぶことがあります。末梢神経の神経線維に感染した狂犬病ウイルスは、一日あたり数ミリから数十ミリの速度で神経を上行して脳に向かいます。ですから、咬まれた場所が中枢神経組織に近いほど潜伏期は短くなります。

特に顔や手は神経が密に張り巡らされているため、狂犬病の発症する率の高い部位です。末梢神経から中枢神経組織に達すると、そこで狂犬病ウイルスは大量に増えて次には各神経組織に拡散、そして唾液腺で大増殖します。

狂犬病という病気

前駆期には、狂犬病ウイルスが脊髄に達し、発熱や頭痛、食欲不振や筋肉痛、嘔吐などの風邪のような症状を出します。それに加えて、咬まれた場所がチクチクと痛んだり、痒み(かゆみ)が出たり、筋の痙攣が起こったりします。このような知覚過敏や疼痛(とう)が二～十日ほど続き、だんだんに広がっていきます。

急性期に入ると神経症状が強くなり、狂躁状態、錯乱、幻覚などが現れます。患者は強い不安感に襲われたり、それ以外のときには意識も清明であったりもします。発症した人や動物は、咽喉頭が麻痺して唾液を飲み込むことができず(嚥下(えんげ)障害)、結果として狂犬病ウイルスを含んだ唾液を垂れ流すことになります。

また、水を飲む行為による刺激で喉に痙攣を起こし、この痙攣には強い痛みが伴うため、患者(動物も)は水を飲むことを避けるようになり、これは恐水症と呼ばれます。冷たい風にあたっても同じように痙攣を起こすので、風を避けることになります(恐風症)。

高熱、幻覚、錯乱、麻痺、運動失調などとなり、犬の遠吠えの様な声をあげ、大量のよだれを流しながら、やがて昏睡状態となって呼吸が麻痺して死に至るか、あるいは突然死します（狂躁型）。

一方、恐風、恐水症状を出さず、麻痺を主な症状とする麻痺型の患者も約二割いて、このような場合は狂犬病と診断されないこともあります。

予防が全て

日本では狂犬病の発生が無いために、その怖ろしさが認知されていませんが、海外の狂犬病の発生・流行地に行った場合には、以下の点に注意して行動していただくことが大切です。

○動物（野生動物も含む）に手を出さない

手を出して触れたり、手から餌を与えたりする行為は厳禁です。ペットであっても控えます。

○動物には近づかない

狂躁状態の動物は極めて過敏な状態となって、犬などの動物は目の前のもの、全てに咬みつく等の行動を取ります。異常な行動を取っていたり、異様な声をあげたりと興奮状態の犬や動物を発見した場合には、その動物から距離をあけて、とにかく離れます。麻痺型も想定して、具合の悪そうな動物にも手を出さないことです。

もしも咬まれてしまったら

狂犬病の危険性のある動物に引っ掻かれた、特に咬まれた等の場合は、
①すぐに石鹸(せっけん)で洗浄し、流水で洗い流します。傷は石鹸、流水で十五分以上洗います。
②止血はしない。このとき、傷口を口で舐めたり、吸い出したりしない。粘膜からウイルスが感染する可能性があるためです。
③さらに七〇パーセントアルコールやポピドンヨード(イソジン)で消毒します。
④そして、ただちに現地の医療機関に受診します。帰国を待たずに現地の医療機関に受診して、以下の治療、対応を開始することが必須です。
⑤医師は、WHOの基準に従って、ワクチンの必要性を判断します。
咬まれてしまった場合には、発症すれば生命を失う極めて危険な感染症ですので、

大人も子供も妊婦であっても、躊躇わずにワクチン接種や可能であれば抗狂犬病免疫グロブリンの接種を開始します。

そして、現地の首都圏の大きな病院に受診して、必ず治療を受けてから帰国することが大切です。さらに帰国時に検疫所の相談室に立ち寄り、検疫官（医師）より今後の日本での治療や対応について指導・助言を受けます。

アジア諸国など犬の狂犬病ワクチンの接種率を上げることが困難な国では、犬の狂犬病対策よりも、咬まれた等の人の狂犬病ウイルス暴露後の発症予防に対策の主軸を移して、犠牲者数を減らそうとしている国も多くあります。躊躇わずに即座に右記の対応をとることが肝心です。

海外に出掛ける前に

狂犬病の発生地域で、近くに適切な医療機関が無いような場所に長期間滞在するような場合には、渡航前に狂犬病のワクチン接種を受けてから出かけることをお勧めします。この暴露前の狂犬病ワクチン接種は、四週間間隔で二回接種し、その後、六～十二カ月後に追加接種をします。

私が国立感染症研究所に勤務していた頃、フィリピンなどのアジア諸国に出張もあることから、狂犬病の人用のワクチンを予防的に接種しました。狂犬病の臨床と研究の第一人者である先生は「とにかく異常な行動を取っている犬がいたら、まず、逃げること、近づかないこと」と指導してくださいました。

それから二十年近くの年月を経て、本稿を書きながら、先生の説明された狂犬病という感染症の怖ろしさと予防ワクチンの重要性を強く感じています。

現在の日本は、すでに狂犬病を診た医師や獣医師もほとんどおらず、狂犬病の診断ができない可能性も指摘されています。海外で狂犬病の危険動物に咬まれる等して帰国後に発症した患者がいても、原因不明の脳炎や神経疾患、薬物中毒等と誤診されてしまうというのです。そもそも鑑別診断に狂犬病が入っていないとさえ言われます。

また、日本の狂犬病防疫に必要な犬のワクチン抗体陽性率も七〇~八〇パーセントとされますが、登録されていない未登録の犬の存在を考えると日本の狂犬病ワクチン接種率は現在四割程度と考えられ、大きく割り込んでいるのが現状です。このような現状の中、私たちは最も怖ろしい感染症の一つである狂犬病について、再度初心に返って、対策を再確認すべきと考えています。

Part Ⅳ

日本で警戒すべき感染症

風疹——胎児に障害を与える怖いウイルス

風疹とは？

妊婦が風疹に感染すると、お腹の胎児にも感染して先天性の障害を与える可能性があります。日本でも数年前に風疹の大きな流行があり、この先天性風疹症候群が大きな問題となりました。

風疹は、風疹ウイルスが病原体の感染症です。軽い発熱とともに耳の後ろから全身にきれいなピンク色の発疹が拡がりますが、その発疹も三日くらいで治ります。感染しても症状を出さない人も一五～三〇パーセント程度いて、稀に脳炎などの合併症を起こすこともありますが、ほとんどの場合で予後のよい軽い病気です。

感染者の風疹ウイルスを含んだ唾液や鼻水などの飛沫を近くで吸い込む飛沫感染やウイルスが付着した手指で口や鼻などを触れたりする接触感染でうつります。

かつては子供の軽い病気と考えられていた風疹ですが、この感染症は怖ろしいことに、妊娠初期の女性が罹ると風疹ウイルスが胎児にも感染し、流産や死産、胎児に障害を起こすことがあるのです。

赤ちゃんが難聴や白内障、心臓の奇形などの障害を持って生まれてくることがあり、これは先天性風疹症候群と呼ばれます。この先天性風疹症候群こそが、風疹ウイルスの起こす最大の問題であり、風疹が怖ろしい感染症である証なのです。

患者の中心は成人

以前の風疹の流行は、子供たちの中で起こっていました。しかし、近年、日本での風疹流行は大人が中心です。二〇一二～二〇一三年に日本で風疹の大きな流行が起こりましたが、このときの患者のほとんどが成人でした。

風疹には感染を予防する風疹ワクチンがありますが、日本では過去のワクチン政策の結果として、年齢によってワクチンを接種していない世代や性別があり、またワクチンの接種対象であっても受けていなかったりして、免疫のない人たちが多くいるのです。

その風疹免疫を持たない人たちを中心に流行が起こったのでした。風疹ワクチンは一回の接種では獲得する免疫が不十分であるため、ワクチンの効果を高めるために、現在、二〇〇六年四月一日以降より一歳と小学校入学前の二回のワクチン接種が導入されています。

約四割の二十代女性が免疫なし

先にも触れましたが、風疹免疫が不十分な二十～四十代の成人を中心に二〇一二～二〇一三年（平成二十四～二十五年）に風疹の大きな流行が起こりました。そして、先天性風疹症候群の障害を持った赤ちゃんが四五人報告されたのでした。

これを受け、二〇一四年度に東京都が都内の二万人を対象として実施した風疹抗体検査の結果では、都内では約三割の人が、特に二十代の女性では約四割もの人が風疹に対する十分な免疫（感染防御に必要な免疫）を持っていない可能性が示されました。

一方、二〇一二年度に実施された厚生労働省の感染症流行予測調査では、風疹の免疫を持たない一～四十九歳の人は六一八万人（男性四七六万人、女性一四二万人）と推計されています。このうち成人は四七五万人です。

このように、風疹は現在の日本では大人が要注意の感染症です。風疹免疫が不十分

◆東京都 風疹患者の年齢別・性別報告数（2013年1～52週）

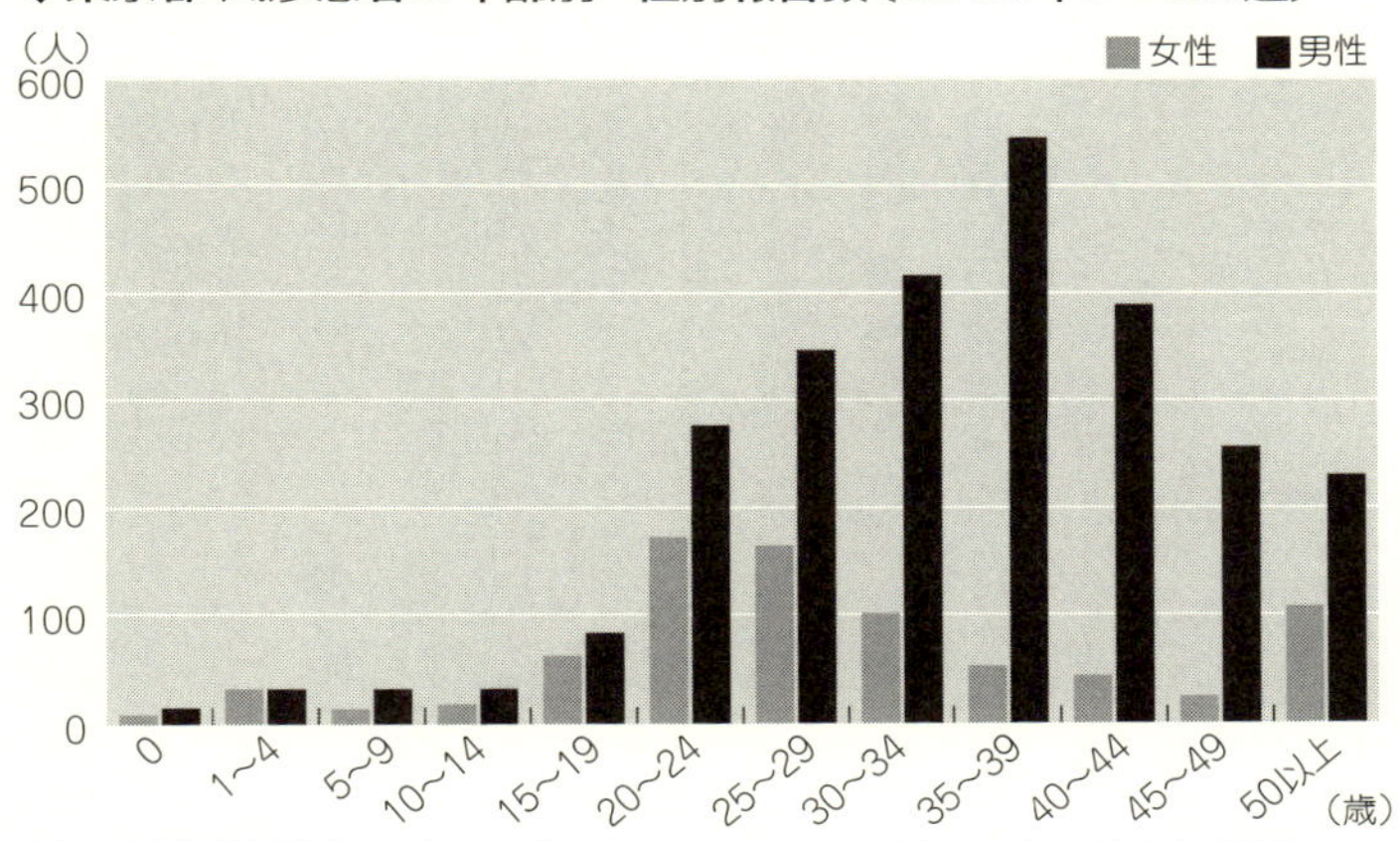

出典：東京都感染症情報センターHP（http://idsc.tokyo-eiken.go.jp/diseases/rubella/rubella2013/）

な人たちが数多く存在しているため、今後も風疹の流行が心配されます。海外の風疹流行の起きている国から、観光客によって風疹ウイルスが持ち込まれて、流行が起こることも想定されています。そして、風疹の流行が起これば、妊婦が感染する機会が発生することから、赤ちゃんが先天性風疹症候群の障害を持つ可能性が出てくるのです。

妊娠初期に感染すると……

妊婦が風疹に罹ったとしても、全ての赤ちゃんに先天性風疹症候群が発生するわけではありません。重要なのは、妊娠中のいつの時期に風疹に罹ったのかということです。妊娠初期は、胎児のさまざまな臓器ができ上がっていく時期で、活発に胎児の細胞が分裂し器官が形成されている時期にあたります。

このような重要な時期に母親が風疹に感染すると、風疹ウイルスは母親と胎児の間にある胎盤にも感染し、胎盤から胎児にウイルスが移行して、胎児の中でウイルスが長期間にわたって感染して増殖し続けることがあります。ウイルスの〝持続感染〟は細胞分裂を遅らせ、感染細胞を破壊するなどの悪影響を引き起こし、胎児の器官形成に障害をもたらす危険性があります。ですから、先天性の異常の発生頻度は、妊娠初期ほど高い割合で起こり、症状も重くなるのです。

風疹ウイルスにおいては、妊娠三カ月までの妊婦が感染すると、赤ちゃんが白内障、心臓病、難聴のうち二つ以上を持って生まれてくることがあります。難聴は先天性風疹症候群の症状としては一番頻度が高く、また、これだけが症状であるという場合も多いのです。難聴は妊娠五カ月までの感染と関係します。

妊娠一カ月で風疹に罹った場合には五〇パーセント以上、二カ月で三五パーセント、三カ月で一八パーセント、四カ月で八パーセントで、先天性風疹症候群の児が生まれてくるというデータがあります。妊娠六カ月を過ぎた妊婦が風疹ウイルスに感染しても、先天性風疹症候群の発生はほとんど認められません。

このように風疹感染イコール赤ちゃんに障害が残るということではありません。しかし、現実には風疹が大流行した年には人工妊娠中絶の数が増加するのです。母親が風疹に罹ったため、先天性風疹症候群を危惧して人工中絶をする事例が多く発生していると考えられます。風疹という怖ろしい感染症の本質は、先天性風疹症候群の発生であり、そして、このような人工妊娠中絶の悲劇でもあるのです。

先天性風疹症候群を予防するために

風疹ワクチンは、副作用の少ない安全なワクチンです。この風疹ワクチンを接種することで風疹ウイルスの感染を防いで、先天性風疹症候群を予防することができます。

妊娠を希望する女性で風疹ワクチンを受けているか不明な人や風疹に罹ったことが確実でない人は、まず、風疹の抗体価を検査して、風疹の免疫が不十分であった場合には、妊娠する前にあらかじめ風疹ワクチンを接種しておくことが奨められます。

過去に一度ワクチンを接種してあっても、時間の経過で風疹のワクチン免疫の抗体は減少するので、ワクチン接種が必要になります。また、一回の接種では抗体が十分に誘導されない人も五パーセント弱、いるのです。さらに、過去に風疹に罹ったという記憶は当てにならない場合も多く、同様に発疹の出る「リンゴ病（伝染性紅斑）」や麻疹などの他の病気の記憶と親が混同していることもあります。

風疹ワクチンは生ワクチンですから、万一にも胎児への感染が起こることが否定できないために、風疹ワクチンの妊婦への接種はできないのです。風疹ワクチンは、麻疹も予防できる麻疹風疹混合ワクチン（ＭＲワクチン）で受けることをお勧めします。

また、男性も風疹に罹らない、うつさないように十分な風疹の免疫を持つことが大切です。国全体で風疹の感受性者を減らし、風疹流行の起こらない日本社会をつくっていくことが、生まれて来る子供たちを先天性風疹症候群という怖ろしい感染症から守ることになるのです。

Part Ⅳ
日本で警戒すべき感染症

赤ちゃんに
影響を及ぼす
怖い感染症だ

アタマジラミ——したたかな増殖力と痒み

コロモジラミ・ケジラミ・アタマジラミ

アタマジラミは頭部に寄生するシラミです。現在も、保育園や幼稚園を中心に集団発生し、十二歳以下の子供に多く見られます。

先進国、途上国問わず、衛生状態とは関係なく発生します。世界的にも蔓延状態にあって、日本でも近年増加傾向にあり、お子さんをお持ちの家庭では他人事ではない、厄介な感染症です。

私は教育学部で学校感染症を教えていることから、保育園、幼稚園、小学校の先生方や養護教諭の先生方から、いろいろな感染症対策の相談を受けます。その中でも、アタマジラミの発生とその対策は、保育園幼稚園を中心に大変多い事案です。

一方で「子供が保育園でもらってきたアタマジラミの駆除が、子育ての中でも一番つらかった経験です」と語るお母さんたちもいて、家庭でも大変な苦労があったこと

◆３種のシラミの拡大図

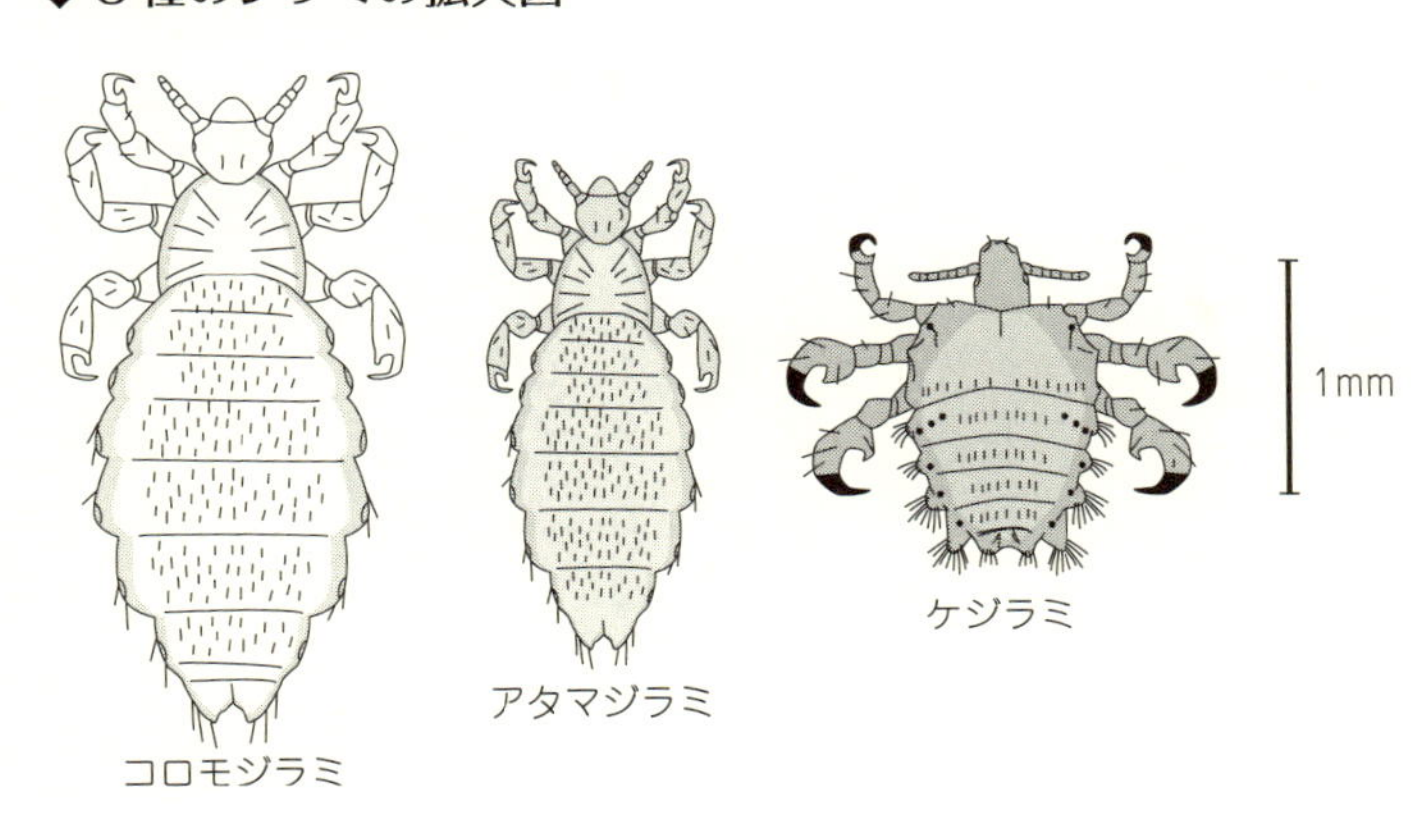

がうかがえます。

最初に明確にしますが、シラミ（虱）には種類があって、衣服につくのはコロモジラミで、これは下着や服を棲みかとしていて、吸血時に人の皮膚に移動して血を吸います。発疹チフスや回帰熱などの感染症を媒介します。

陰毛など（ときにわき毛やひげにも）に感染するのはケジラミで、性感染症です。ケジラミに感染すると陰部に激しい痒みを伴います。怖ろしいことにケジラミは、洋式便座を介してもうつることがあります。

これらのコロモジラミやケジラミは、頭髪に付くアタマジラミとは異なります。

アタマジラミは雌が二〜四ミリメート

ル、雄が二ミリメートルくらいで肉眼でも確認できます。灰白色ですが、吸血すると黒っぽく見えます。吸血された部分に痒みを伴う場合は、引っ掻くことで傷口から細菌の二次感染を起こすことがあります。アタマジラミにはしたたかな増殖力があり、頭髪の中で夥しい数に繁殖するのです。

アタマジラミはどうやってうつるのか？

アタマジラミの付着した頭部と直接触れ合うような接触で、うつります。保育園のお昼寝などは、頭部が接触しやすい状態です。また、ゲームをしながら顔を近づけたり、相撲をとって頭部が触れ合うような遊びもあるでしょう。帽子やマフラー、衣類やくしの貸し借りや布団や寝具からの感染もあります。

ですから、一度お子さんが感染すると、家庭内で家族にもアタマジラミがうつりやすく、お子さんだけの問題ではなくなってきます。バスや電車の背もたれでの感染報告もあり、こうなってくると感染のリスクが急に身近になってきます。

アタマジラミは幼虫から成虫まで吸血し、一日あたり三〜四個の卵を産みます。卵は一週間程度で孵化し、幼虫は吸血を繰り返して約二週間で成虫になります。そして、その成虫が産卵を繰り返すのです。

一匹のアタマジラミが一カ月で産卵する卵の数は約一〇〇個で、アタマジラミは大変な勢いで繁殖して行くことになります。その結果、感染した初期には気が付きませんが、頭髪にたくさんの卵がフケのように付着していることから、発見されることが多いのです。その他、子供が頭を痒がる、よく掻いているということで見つかることもあります。

駆除は繰り返しが肝心

アタマジラミの卵は、虫メガネを使うと髪の毛に付いている白い塊を確認することができます。フケかな?とも思われますが、フケとは違ってなかなか落ちません。目の細かなくしで物理的に削ぎ落とさねばなりません。

また、アタマジラミを駆除するピレスロイド系殺虫剤のスミスリンパウダーを頭髪に散布して、シャワーキャップのまま数分おいて、洗髪して駆除を行います。シャンプータイプもあります。

これを三日に一度、三~四回行います。実際には、繰り返し、アタマジラミが居なくなるまで行わねばなりません。簡単な作業のように思われますが、なかなか完全な駆除に至らず、また、駆除できたと思ったら、再度、園や学校で感染してきたりして、これは根気と努力の要る大変な作業です。

さらに布団や枕カバー、毛布などの寝具にも付着している可能性が高いので、布団は干して叩き、その他の寝具はこまめに洗濯しなければなりません。感染者の衣類やシーツ、タオルは六〇度以上のお湯に五分以上浸して、シラミと卵を死滅させてから洗濯するのです。

冬はすぐにお湯の温度が下がり、シラミが生き残ることがあり厄介です。そして、室内は落下したシラミの駆除のために徹底的に掃除機をかける必要があります。これらの駆除が完了するまで、何度も繰り返し行わねばなりません。

さらに、家庭内での伝播が起こりやすく、兄妹や両親にもうつることがよくありますから、家族内で同時に駆除することがポイントになります。また、発生した園や学校でも、保護者にお便りを配布するなどして一斉に駆除を行うことが肝要です。

しかし、実際にはなかなか理解と協力を得ることが徹底できず、駆除しきれていないアタマジラミがまた感染源となって、流行が長引いてしまうことが多いのです。

先進国でも増加中

私のゼミの学生さんは「学校の感染症対策」を学んでいます。毎年一学年で一二人くらいのゼミ生を受け入れていますが、保育園や幼稚園、小学校の教員になる人がほとんどです。その卒業生の一人が研究室を訪ねてきてくれ、「大変だったのはアタマジラミの発生でした」とつぶやきました。

彼女もお昼寝の添い寝をしていて感染。スミスリンパウダーとくしでの駆除を何度も行っているうちに、長い髪は痛み、また駆除作業が大変になって、ベリーショートにしたとのことでした。

「えっ？　ベリーショート？」と問いかける間もなく、彼女はパッとウィッグをとって、ポトンと涙を落としました。

ベリーショートも彼女にはとても似合っていて褒めたのですが、それ以降も、園ではアタマジラミの流行は繰り返し問題となっているそうです。本稿の最初で紹介した若いお母さんの〝子育てで一番つらかったのはアタマジラミ〟という言葉を身に沁みて思い出したのでした。

アタマジラミは、衛生状態不良などの指標ではありません。ですから、他の先進国でも日本でも増多しています。そして、最も怖ろしいのは、現在、アタマジラミの駆除に使われているパウダーやシャンプーに含まれる殺虫剤が効きにくくなったアタマジラミが海外では出没していることです。実はこの薬剤耐性のアタマジラミが大問題となっているのです。

シラミには複数の種類があるんだね

重症熱性血小板減少症——マダニが運び、致死率二割超

中国で発見

近年、マダニが媒介する「重症熱性血小板減少症」という新しい感染症が、日本でも発生。毎年多数の死亡例も出ています。二〇一三年三月〜二〇一六年十一月までに届け出られた国内感染者数は二二六例、そのうち五二人が死亡しています。しかし、実際には診断がついていない感染事例も多くあると考えられます。

この感染症は中国で発見されました。二〇〇九年に河南省や湖北省などで、高熱、嘔吐や下痢などの症状の他に、血小板やリンパ球の減少などの原因不明の疾患が多発。二〇一一年、中国の研究者らによって病原体のＳＦＴＳウイルスが発見され、このウイルスが引き起こす病気は重症熱性血小板減少症候群（severe fever with thrombocytopenia syndrome：以下ＳＦＴＳ）と名付けられました。

中国では、年間一〇〇〇人以上の感染者が発生しています。韓国でも年間数十人の

◆マダニの拡大図

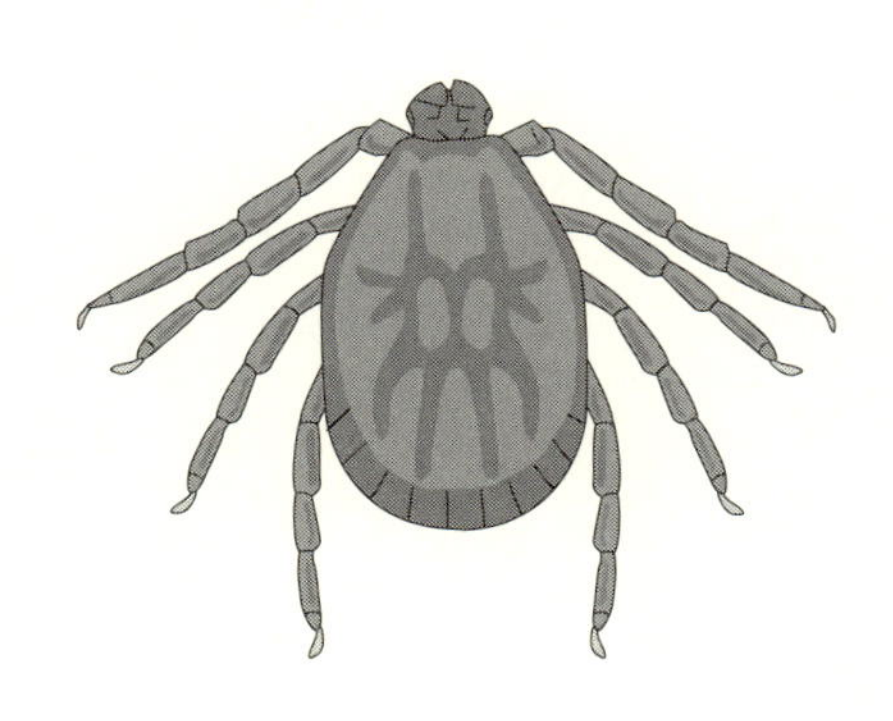

報告があります。ＳＦＴＳウイルスはマダニを宿主として、ＳＦＴＳウイルスを持っているマダニに人が咬まれることで感染します。

これが主たる感染経路ですが、感染した人の血液や気道分泌物で、家庭内や医療機関内での人から人への感染事例も複数が報告されています。

日本で初のＳＦＴＳ患者の発生

そして、二〇一三年一月、日本国内初のＳＦＴＳの患者が報告されました。さらに、すでに二〇一二年にも日本で患者が発生していたこともわかりました。

調査の結果、最も古いＳＦＴＳ患者は

二〇〇五年のケースですが、それ以前にも発生していたと考えられます。
その後、愛媛県や宮崎県など西日本を中心にＳＦＴＳウイルスの感染患者が発生。二〇一六年十一月現在で感染者数は二〇〇人を超え、致死率は二五パーセントにものぼっています。

患者のほとんどが六十代以上で、マダニに吸血される機会の多い農作業や山仕事をする人の高齢化が背景にあると指摘されています。日本国内での健常者の調査では、ＳＦＴＳから回復した人以外ではＳＦＴＳウイルスに対する抗体を持っていないことから、ＳＦＴＳウイルスに感染するとそのほとんどが発症し、高いリスクで重症化すると考えられます。

これらの日本の感染者から検出されたＳＦＴＳウイルスは、中国のウイルスとは遺伝的に異なることも示されました。これにより、もともと日本国内にもＳＦＴＳウイルスが存在していたと推定されています。

全国的なマダニのＳＦＴＳウイルス保有調査では、感染者が発生して確認されている宮崎、鹿児島、徳島、愛媛、高知、岡山、島根、山口、兵庫の地域だけではなく、報告されていない地域である三重、滋賀、京都、和歌山、福井、山梨、長野、岐阜、静岡、栃木、群馬、岩手、宮城、北海道でも確認され、ＳＦＴＳウイルスを持っているマダニは広く全国的に分布していると考えられました。

これは、日本全国でＳＦＴＳウイルスに感染するリスクがあり、重症熱性血小板減少症の発生の可能性があるということです。現実は、重症熱性血小板減少症と診断がついていない感染患者が他の病名で重症化したり死亡したりしている事例も少なからずあると推測されます。

マダニがウイルスを媒介するまで

マダニは、食品に発生するコナダニ類や寝具や畳に発生してハウスダストの原因ともされるヒョウダニ等とは種類が異なり、野外の草原や森などで動物を吸血して生息しています。

マダニにも種類があり、日本でＳＦＴＳウイルスを媒介するのは、フタトゲチマダニとタカサゴキララマダニ、オウシマダニ、さらにチマダニ族などとされており、幼ダニ、若ダニ、成ダニの各ステージで動物を吸血します。

幼ダニ、若ダニは脱皮と成長のために吸血しますが、成ダニの雌は産卵のために実

◆SFTSウイルス感染環

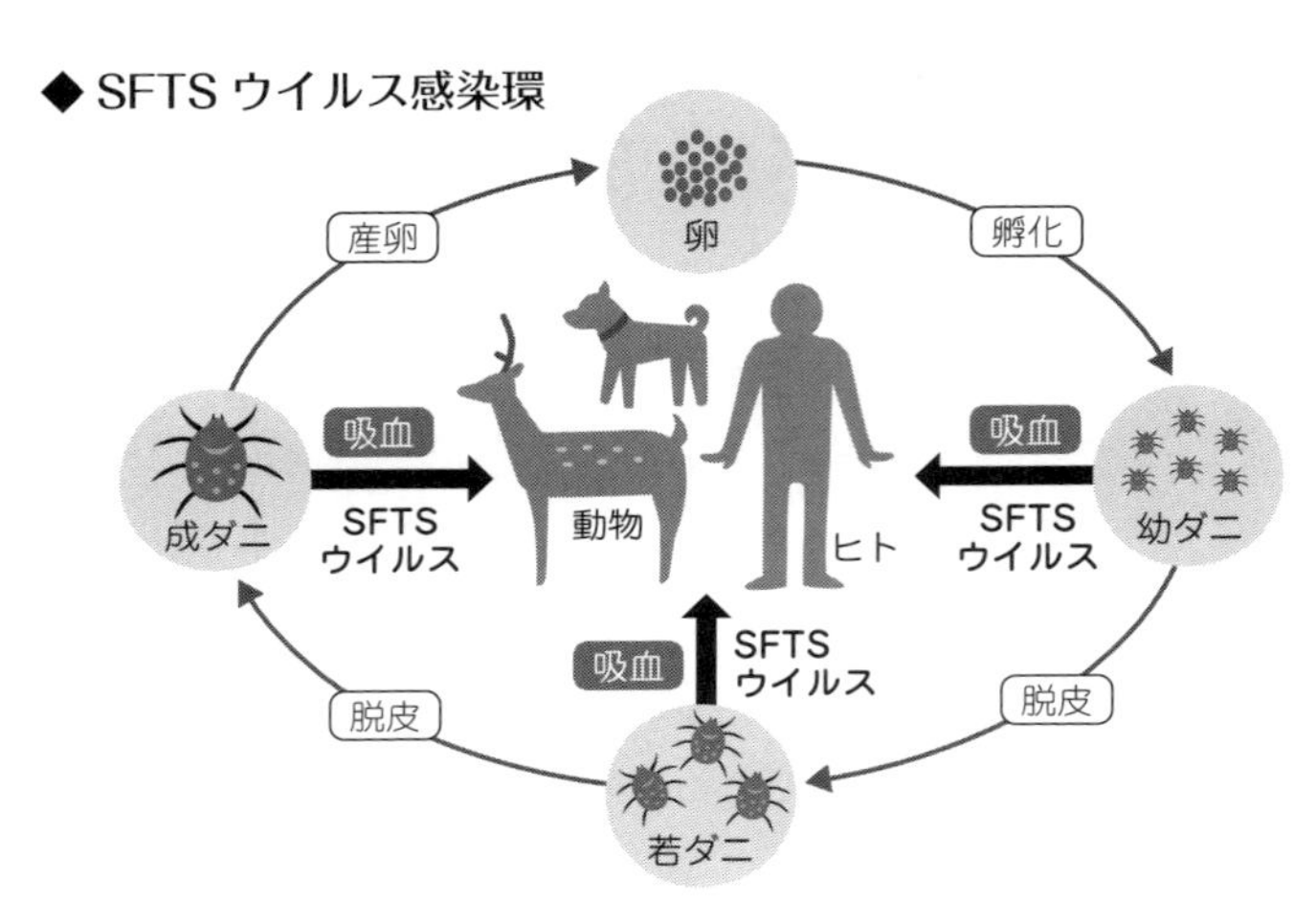

参考：「生体の科学 66 巻 4 号」

にその体重の一〇〇〇倍を超える量の吸血をするのです。

やがて、吸血して膨れ上がった雌のマダニは地上に落下して、二〇〇〇個以上の卵を産んで生涯を終えます。ＳＦＴＳウイルスは、このようにマダニが各ステージで吸血したときに動物に侵入、感染を起こします。

このようにして、ＳＦＴＳウイルスは、自然界でマダニと野生動物の中で維持されています。しかし、野生動物の生息域に人が立ち入ると、偶発的にこのウイルスを持っているマダニに咬まれることがあります。人はこうしてＳＦＴＳウイルスに感染するのです。

◆ダニの生活環

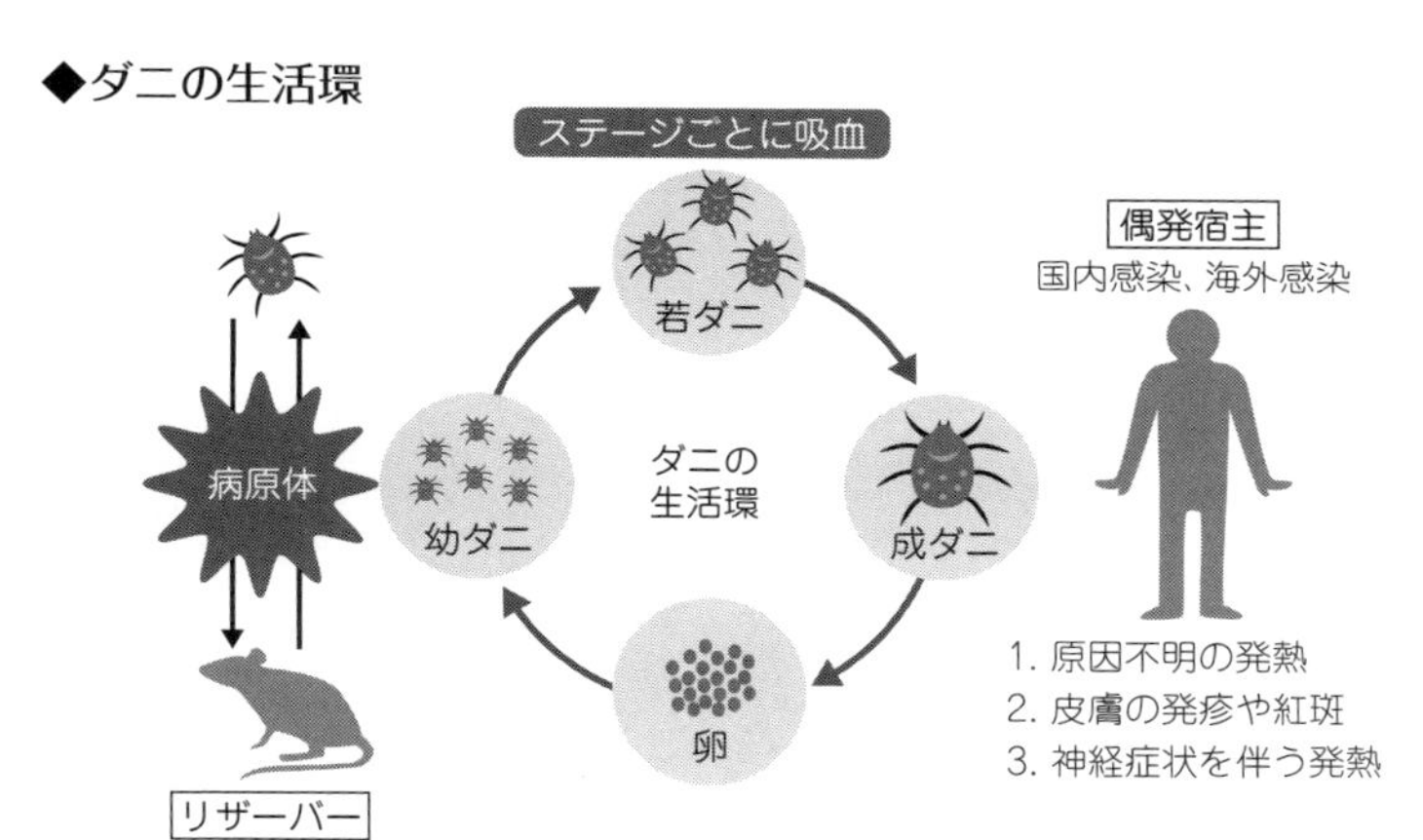

参考：「臨床と微生物 Vol.42 No.3」

マダニは、家の近くの裏庭や畑、農道脇の草にも居ることがあります。草原や野山は要注意な場所です。一年を通してマダニに咬まれるリスクはありますが、特に春から秋はマダニの活動が活発な時期ですから、積極的に咬まれないための対策をします。

ハイキングやバーベキューなどでもマダニに咬まれる事例が多く報告されています。また、マダニに咬まれるだけでなく、マダニを潰したときの体液からの感染の可能性もありますので、注意が必要です。マダニが媒介する怖い感染症は、ＳＦＴＳのみならず、日本紅斑熱など複数あるので、要注意です。

マダニに咬まれてしまった場合には、できるだけ早く医療機関で処置をしてもらう必要があります。どうしても医療機関に受診できない場合には、白色ワセリンでのマダニの除去が報告されています。さらに、マダニに刺された後で発熱などの症状が現れた場合には、必ず速やかに医療機関を受診します。

重症熱性血小板減少症のワクチンは未開発で、ＳＦＴＳウイルスに効く薬もありません。高致死率の怖い感染症ですから、マダニに咬まれない対策を取って、野外活動を行うことが大切です。

身近な生物であるマダニには要注意！

ノロウイルス感染症——便と吐しゃ物で大流行

全国各地の集団感染

二〇一五年、二〇一六年とノロウイルスの集団感染が全国各地で多く起こっています。「〝新型〟ノロウイルスが発生して大流行するそうですが、それはどういったものですか？」等という質問を新聞やテレビなどの報道記者の方々からよく受けます。

ノロウイルスは、人に感染して嘔吐や下痢などの急性の胃腸炎の症状を起こします。学校や社会福祉施設、飲食店などでの集団感染の報告も多く、冬季をピークに発生する注意すべき感染症です。

ノロウイルスには遺伝子の分類によって、GⅠ、GⅡ、GⅢ、GⅣ、GⅤの五つの種類があります。そして、それぞれのウイルス型はさらに分類されています。たとえば二〇〇四年にはGⅡ・4、二〇一五年にはGⅡ・17という型のノロウイルスが流行しました。

人は一度感染したウイルスに対しては体内に抗体ができ、その免疫によって次に同じウイルスに曝されても、感染や発症しにくくなったり、発症しても軽症化する可能性があります。ウイルス側から見れば、毎年同じ型のウイルスで流行を繰り返せば、やがて多くの人々が免疫を持ってしまい、流行できなくなって困るのです。

一般にウイルスは生きた細胞に感染しなければ子孫ウイルスをつくることはできませんから、流行しにくくなることは、そのウイルスのお家断絶に繋がるのです。ノロウイルスの宿主は人間（牡蠣ではありません）です。ノロウイルスは人の中で流行を繰り返す間に、ウイルス遺伝子が変異を起こしてウイルスが変化していきます。

変化したウイルスには人は免疫を持っていませんから、このようなウイルスが現われると流行規模が大きくなります。また、症状も強くなる可能性もあります。そうは言っても、近年流行を起こしているノロウイルスは、同じGⅡグループの中でのマイナーチェンジで、フルモデルチェンジではありませんから、「新型ウイルス」というのはちょっと大げさとも思われます。

二〇一七年一月現在も、ノロウイルスによる感染性胃腸炎の集団感染の報告が相次ぎ、GⅡ・2という型のノロウイルスが約八割を占めて検出されています。GⅡ・2

の型のウイルスは、二〇〇九〜二〇一二年に流行しましたが、ここ数年はほとんど検出されていませんでした。二〇一二年以降に生まれた子供たちを中心に流行しやすい状況となっているのです。

アルコール消毒が効きにくい

ノロウイルスは小型球形でカリシウイルス科に属します。「カリシ」とはラテン語で「コップ」という意味で、電子顕微鏡像でウイルスの表面にコップのような窪みがあることから名づけられました。

ノロウイルスは年間を通じて患者が発生していますが、治療薬もワクチンも開発されていません。開発の妨げとなっているのは、ノロウイルスは人にしか感染せず、動物実験モデルもなく、またウイルスを培養して増やす手法もないためです。

ノロウイルスが口から体内に入ると約十二〜四十八時間の潜伏期を経て、吐き気や嘔吐、下痢などの症状を発症します。多くの場合は数日で治りますが、乳幼児や高齢者は脱水や吐しゃ物による窒息もあり、要注意です。吐き気があって横になる場合には、必ず体を横向きに寝かせて、吐いても喉に詰まらせないようにすることが非常に大切です。

吐しゃ物一グラム当たりには一〇〇万個、便の中には一グラム当たり一億個以上のノロウイルスが存在するのに対し、数十個のノロウイルスが入っても人に感染が成立します。ですから、吐しゃ物の処理やトイレの後、食事の前の手洗いの徹底が非常に重要となるのです。

さらにノロウイルスはアルコール消毒が効きにくく、塩素系漂白剤（次亜塩素酸ナトリウム）による消毒を行わなければなりません。また、吐しゃ物が乾くと埃とともにノロウイルスが空中に舞って、それを吸い込んでうつることもありますから、速やかに乾く前に処理をしなければなりません。

加えて、消毒が不十分であるとノロウイルスは数日間以上も感染性を保持して存在してしまいます。過去の集団感染事例では、掃除機で吸引されて排気口から空中に飛散したウイルスを吸い込んだことで、集団感染が起こっています。

さらに厄介なのは、症状が治まっても一週間から一カ月間の長期にわたって、ノロウイルスが便の中に排泄されて出てくることです。自覚症状が無くなると手洗い励行の下痢エチケットも気持ちが緩みがちになります。ごく少数のウイルスで感染が成立するノロウイルスではそれが落とし穴になるのです。

ノロウイルスに感染している人が食事を作り、手洗いが不十分であると、提供された食事を介して感染することがあります。二〇一六年十二月に銀座の超高級レストランでノロウイルスの集団感染が発生し、大きく報道されましたが、担当した調理人らの便からノロウイルスが検出されました。

危険な感染源は吐しゃ物と便

また、英国のリーズ大学の研究者らの報告では、排便後に水洗トイレの蓋を閉めないで流した場合にはノロウイルスなどの微生物が空中に飛散し、人の感染の可能性があるということです。トイレの便座の約二五センチメートルまで微生物が舞い上がり、約九十分間も浮遊していることが示されました。ですから、蓋をして便を流すことが大切なのです。

ノロウイルスと言えば「牡蠣」と言われて、あたかも主たる原因の悪者にされますが、最も危険な感染源は感染者の吐しゃ物と便です。それが、人から人へ伝播されて、流行が起こっているのです。

東京駅や新宿駅などの不特定多数の人々が利用する基幹駅。駅のトイレには長蛇の列。換気の悪い空間。さらに蓋もなく水流の激しい便器。手洗いの水は節水のためであろうと思われますが流量は少なく、手を洗うというより濡らすに留まっているように感じられます。

また、不十分な手洗いのままの手指をエアータオルに差し込んで水滴を吹き飛ばせば、洗えていなかったノロウイルス等の病原体も空中に飛び出し、浮遊しているのではないかと心配されます。

豪華な設備の美しいトイレも素敵ではありますが、感染症対策の視点に立てば、換気設備や十分な水量の水道、液体石鹸の配備などの充実とノロウイルスにも有効な消毒方法による便座やドアの取っ手の清拭を含めた清掃を頻回に行う、きちんとマニュアルの作られた清掃システム等を導入することが先決です。

ノロウイルスは現代病とも言われます。感染症が流行するには、病原体と人だけではなく、流行を起こしやすくする環境等の背景が必ず存在しているのです。

腸管出血性大腸菌O157——ひき肉には要注意

食中毒の発生

二〇一六年冬、冷凍メンチカツで腸管出血性大腸菌O157の集団感染が発生、多くの主婦を驚かせました。冷凍食品では食中毒は起こらないものと思われていて、さらに死亡者も発生することもある怖ろしい腸管出血性大腸菌の患者発生であったことに、ショックを受けたのです。

忙しい主婦にとって、冷凍食品は安価で手軽に使える家事の味方であり、保存の効く安心なものと思われています。しかし、これは思い込みで、中心部まで十分に加熱する等の調理の注意を怠れば、このように食中毒が発生することもあるのです。

腸管出血性大腸菌の怖さが最初に認識されたのは、一九八二年の米国オレゴン州とミシガン州で同時に起きた集団食中毒の事件です。これは同じチェーン店のハンバーガーを食べたことによるものでした。四七人の患者の糞便からは腸管出血性大腸菌O

157が検出されました。

ご存じのようにハンバーグは牛ひき肉などをミンチ状にした塊です。このようなミンチ肉は菌に汚染されやすく、メンチカツと同様に中心部まで十分に加熱して食べることが必須です。さらにチェーン店であったことから、その販路で広域にわたって感染事故が起こることになったのです。

ごく少数の菌で感染

腸管出血性大腸菌O157の感染は、この病原菌で汚染された生肉や飲食物を摂ることが、主たる原因です。厄介なことにこの菌には、五〇個程度のごく少数の菌数で感染が成立して発病する性質があります。ちなみに、サルモネラ菌は一〇〇万個程度の菌数が必要とされます。

このような少数の菌数で感染が成立することから、O157に汚染されやすい食材は生肉なのですが、土壌や水などの間接的な汚染でも集団感染を起こすことがあります。

これまで国内の腸管出血性大腸菌O157の感染事例において、原因食品として特定（または推定）された食品には、牛レバー、牛たたき、牛角切りステーキ、ハンバーグ、ローストビーフなどの他、思ってもみないものが含まれます。

サラダ、キャベツ、カイワレ大根、メロン、白菜漬け、日本蕎麦、シーフードソース、井戸水などです。野菜を洗う水が汚染されていれば、感染源となることもあるのです。また、生肉に触れて菌の付着した手で野菜を触ってサラダを作れば、感染の可能性が出てきます。調理器具に付着していることもあります。非加熱で食べる生野菜のサラダなどは最初に作り、その後に肉料理を作るなどの料理の段取りが大切です。

O157の集団感染事例

二〇一四年夏には、静岡の安倍川花火大会の露天で売られていた「冷やしきゅうり」で四〇〇人以上が腸管出血性大腸菌O157を発症、一〇〇人以上が入院、四名が重症となって溶血性尿毒症症候群（後述）となりました。冷やしきゅうりは約一〇〇〇本が売られていたということです。

井戸水が原因となった事例では、一九九〇年に埼玉県の幼稚園で、園児一八二人中一四九人、職員一三人中三人、園児家族一六九世帯七一〇人中一二二人、その他の患者四五人の計三一九人に上る大規模な集団感染も起こっています。

このときは、園児二名が溶血性尿毒症症候群で死亡しました。幼稚園内のトイレタンクに亀裂が入り、そこから汚水が漏れ出して、井戸水を汚染したことが原因と推定されています。井戸水を使用する場合には、適切な管理が為されなければならないはずでした。

一九九六年、大阪府堺市で学校給食によるO157の集団感染が発生。この流行では、九〇〇〇人以上の患者が発生、七九一人が入院し、一二一人が重症化して溶血性尿毒症症候群を発症しました。そして、学童三人が犠牲となっています。

この世界的に見ても他に類例を見ない大規模な腸管出血性大腸菌の集団感染の原因食材としてカイワレ大根が疑われました(汚染源と特定されたわけではありません)。

大きな風評被害が発生し、当時の厚生省(現厚生労働省)大臣であった菅直人氏が、カイワレ大根を食べる映像が報道されたのでした。このとき、堺市立小学校一年生でO157に感染、溶血性尿毒症症候群を発症して回復していた女性が、二〇一五年十月、後遺症の腎血管性高血圧症による脳出血で亡くなっています。二十五歳でした。

現在も腸管出血性大腸菌の感染者数は、症状のあった感染患者と定期的な検便（飲食店従業員や疫学調査などで行われています）などで見つかる、菌を保有しているが症状の出ていない〝無症状病原体保有者〟を合わせて年間約四〇〇〇人が発見されています。

夏季を中心に全国で散発的に発生するのは焼肉、バーベキュー等の肉の不十分な加熱による経口感染ですが、年間数十人の溶血性尿毒症症候群が報告され、死亡事例の発生も続いています。

腸管出血性大腸菌の怖ろしい病態

腸管出血性大腸菌感染症の病原体はO１５７がよく知られていますが、その他にもO26、O１１１などが〝ベロ毒素〟を産生する大腸菌です。大腸菌には多くの種類があり、常在菌として共同生活をしているのですが、中にはこのような病原性を持つ菌もいるのです。

O１５７は牛などの腸の中に共存して棲んでいます。感染した牛の糞便一グラム当たりに最大一〇〇万個が存在し、一頭が一日に最大三〇〇億個の腸管出血性大腸菌を排泄していることになります。

この糞便による土壌汚染が農作物にも及べば、感染のリスクが出て来ます。レタスなどの生で食べる野菜は流水でよく洗うのが大原則です。牛には病気を起こさないので、どの牛が菌を持っているかはわかりません。食肉として処理する作業中に腸を傷つければ、肉の表面に菌が付着することがあり、それが人への感染源となるのです。

ベロ毒素を産生する腸管出血性大腸菌が、汚染された食品や水などで口から入ったり、感染者の糞便などに排泄された菌が手を介して口に入ると、この菌は酸に強いため、胃酸でも生き残って、腸に到達して毒素を産生します。この毒素が病気を起こすのです。

三～五日程度の潜伏期を経て、激しい腹痛を伴った水様便下痢で発症します。激しい腹痛が続き、著しい血便となることがあります。そして、血便は徐々に血液の量が増して、便の成分が少なくなり、ほとんどが血液という状態になります。

さらに脳症や、前出の溶血性尿毒症症候群などの重篤な合併症もあり、注意が必要です。溶血性尿毒症症候群は、血栓性の微小血管炎を主とする急性の腎不全です。脳症は痙攣や意識障害を起こします。

溶血性尿毒症症候群では、致死率が五パーセントにも上り、特に五歳未満の小児に発症のリスクが高いと報告されています。さらに先の堺市の小学校で感染した女性は、その後遺症で二十年近くの長い年月を経た後に亡くなっているのは前述の通りです。

治療は抗菌剤の投与が行われます。抗菌剤の使用後、症状がよくなっても、その二〜三日後に急に悪化することもあるので、注意を怠らないようにしなければなりません。重篤な合併症のある怖ろしい感染症ですので、そのような場合には設備や機能を備えた医療機関での治療が必要になります。

若い健康な人でも死亡することも

二〇一一年には、生肉を使ったユッケで死亡事故が起きました。富山県の焼肉チェーン店で、腸管出血性大腸菌Ｏ１１１による集団感染でした。菌は熱に弱いため、肉類などの食材はよく加熱をして食べることが必要で、ユッケは感染リスクの非常に高い料理法でした。

その後、肝臓内部からもＯ１５７が検出され、二〇一二年、牛生レバーの生食用としての販売・提供が食品衛生法で禁止されています。牛レバーのみならず豚レバーも、中心部まで十分に加熱することが必要です。

さらに漬物やイクラ等を原因とする集団感染も起こっていますが、食品の流通販売が発達した現状を背景に、商品を購入して食べた人が同時多発的に広域で感染・発症する事態が生じているのです。

また、症状が治まっても、四～五日は菌が排泄されるために感染源となります。トイレの後の手洗い励行の下痢エチケットはもちろんのこと、下痢をした後の数日間はプールを控える、入浴は最後に入り、湯船に浸からずにシャワーで済ませるなどの注意が必要です。タオル、バスタオルの共用は避けます。二次感染が起こりやすい感染症であるので、注意をしないとなりません。

患者の約八割が十五歳以下です。乳幼児や高齢者は罹りやすく、重症化しやすいとされます。しかし、若く健康である人でも犠牲となることがあります。全ての人々が注意すべき感染症です。

腸管出血性大腸菌感染症にはワクチンはありません。食品の加熱、手洗い、調理器具の消毒などの対策を普段から励行することで予防するしかありません。大事なことは、もしも症状が出たら、自己判断で下痢止め等は飲まず、速やかに医療機関を受診することです。

０１５７の細菌は、三十分で二分裂して増殖します。たとえば、感染に必要な最小の菌数である五〇個であっても、十時間後には一〇〇万個以上の菌数に増殖し、大腸の中で毒素を産生して、病気を起こすのです。

下痢止めは毒素を排出されにくくするため、抗菌剤の使用も慎重に行うなどの方針が決められています。腸管出血性大腸菌感染症は、速やかに医療機関を受診しないと、命に関わる怖ろしい感染症なのです。

非加熱の肉を
食べることには
リスクも
伴うんだ……
ユッケ
レバ刺
タルタル

おわりに

本書では、ノロウイルスや風疹、腸管出血性大腸菌O157やアタマジラミ、さらにマダニに刺されて感染する重症熱性血小板減少症などの、日常の生活で罹る可能性のある感染症から、近年、世界的な問題となっているエボラウイルス病やジカウイルス感染症、MERS(中東呼吸器症候群)、さらにデング熱、マラリアなどの重大な感染症も取り上げました。

また、現在、日本で感染患者が急増している梅毒や先進国でありながら中蔓延国となっている結核、海外からの感染者が起点となって国内流行が起こっている麻疹についても詳しく語っています。

そして、莫大な犠牲者を出し、健康被害だけでなく社会に激甚な打撃を加えてきたペスト、コレラ、黄熱病、天然痘——。私たち人類が感染症にどのように苦しめられてきたのか、また闘ってきたのかを〝歴史を動かしてきた感染症〟としてご紹介しました。

ちょうど本書の執筆中に、内閣府から南海トラフ地震や首都直下地震の被害想定と発生時のシミュレーションが公開され、その映像に震えながら「災害時の感染症の対策」について、再構築する必要性を痛感しました。その切羽詰った思いもあり、災害時には大きな問題となるであろう破傷風についても取り上げています。

また、同じ頃に『ヒトの狂犬病　忘れられた死の病』(高山直秀著　時空出版)との出合いがありました。狂犬病は、発症してしまえば、ほぼ全員が死亡するという怖ろしい感染症であり、世界一五〇カ国以上で発生しているにも関わらず、日本人のほとんどが実情を知りません。まさに〝怖くて眠れなくなる狂犬病〟を是非にも本書に記載したいと思ったのです。

現代を生きる私たちにとって、怖くて眠れなくなるような感染症は、実はたくさんあります。本書は、その中でも感染症を取り巻く現状を踏まえ、すぐに知ってほしい怖い感染症、すぐにも警戒して予防してほしい問題の感染症ばかりを選んでいます。

感染症は予防や適切な対応を知って実践することで、健康被害を確実に減らすことるのです。

が見込めます。知識を持つということは、すなわち、感染症からの生き残りにつながるのです。

　私は、自分の専門である感染症の知識を人々や社会に少しでも役立てたいと思い、その道として本に書くことを選びました。執筆は日々学び考えながら、試行錯誤を繰り返す、地味で忍耐の要る仕事です。つらいし、きついと思うときもありますが、難解である感染症を如何にわかりやすく、興味を持って読んでいただけるようにまとめるのか、そして、その先にどれだけの健康被害を軽減できるのか、それらが私の毎日の研究活動や執筆の目標であり続けています。

　本書を書くにあたりまして、ＰＨＰエディターズ・グループ書籍編集部の田畑博文副編集長に大変お世話になりました。心より感謝致します。有難うございました。今後もよい本が書けますよう、ますます精進を続ける所存です。最後までお読みくださりまして、有難うございました。

二〇一七年二月十九日

白鷗大学教授　岡田晴恵

参考文献

『エボラvs人類　終わりなき戦い』岡田晴恵著　ＰＨＰ研究所
『カミング・プレイグ　迫りくる病原体の恐怖』上・下　ローリー・ギャレット著　山内一也監訳　河出書房新社
『感染爆発に備える　新型インフルエンザと新型コロナ』岡田晴恵・田代眞人著　岩波書店
『知っておきたい感染症――21世紀型パンデミックに備える』岡田晴恵著　筑摩書房
『微生物の狩人』上・下　ポール・ド・クライフ著　秋元寿恵夫訳　岩波書店
『感染地図　歴史を変えた未知の病原体』スティーヴン・ジョンソン著　矢野真千子訳　河出書房新社
『感染症は世界史を動かす』岡田晴恵著　筑摩書房
『病気の社会史　文明に探る病因』立川昭二著　岩波書店
『人類vs感染症』岡田晴恵著　岩波書店
『ヒトの狂犬病―忘れられた死の病』改訂新版　髙山直秀著　時空出版
『破傷風』第2版　海老沢功著　日本医事新報社
『学校の感染症対策』岡田晴恵著　東山書房

著者プロフィール

岡田 晴恵（おかだ・はるえ）

白鷗大学教育学部教授。専門は、感染免疫学、公衆衛生学。共立薬科大学（現慶應義塾大学薬学部）大学院修士課程修了、順天堂大学大学院医学研究科博士課程中退。ドイツ・マールブルク大学医学部ウイルス学研究所に留学（アレクサンダー・フォン・フンボルト奨励研究員）、国立感染症研究所研究員、日本経団連21世紀政策研究所シニア・アソシエイトなどを経て、現職。

『知っておきたい感染症――21世紀型パンデミックに備える』（ちくま新書）、『学校の感染症対策』（東山書房）、『エボラvs人類　終わりなき戦い』『強毒型インフルエンザ』（ともにＰＨＰ新書）、『図解　歴史をつくった7大伝染病』（ＰＨＰ研究所）など。

怖くて眠れなくなる感染症

二〇一七年三月二十九日　第一版第一刷発行
二〇二〇年七月　七　日　第一版第五刷発行

著　者　岡田晴恵
発行者　清水卓智
発行所　株式会社ＰＨＰエディターズ・グループ
〒一三五-〇〇六一　江東区豊洲五-六-五二
☎〇三-六二〇四-二九三一
http://www.peg.co.jp/

発売元　株式会社ＰＨＰ研究所
東京本部　〒一三五-八一三七　江東区豊洲五-六-五二
普及部　☎〇三-三五二〇-九六三〇
京都本部　〒六〇一-八四一一　京都市南区西九条北ノ内町一一
PHP INTERFACE　https://www.php.co.jp/

印刷所
製本所　図書印刷株式会社

　ISBN 978-4-569-83561-7

ＰＨＰエディターズ・グループの本

面白くて眠れなくなる植物学

稲垣栄洋 著

読みだしたらとまらない、すごい植物のはなし。身近なテーマを入り口に、植物のふしぎ、植物学の奥深さを伝える。

定価 本体一、三〇〇円（税別）